作物栽培生理实验指导

谷淑波　宋雪皎　主编

中国农业出版社

北　京

内 容 简 介

　　本书根据作物栽培生理研究中主要涉及的生理指标及使用的精密仪器，系统介绍了作物生长发育过程中的理化指标、矿质元素、生长调节物质、生长关键酶活性、逆境生理指标和碳氮同位素的测试原理及测试方法。对于每种测试技术阐明了所测指标对作物生长发育研究的重要性，测试方法部分详细介绍了测试原理、所用仪器、所用试剂、样品制备、仪器操作步骤、数据分析及测试注意事项，同时本教材还介绍了作物生理生化研究实验室安全及注意事项。

　　本书内容涉及液质联用仪、气质联用仪等 27 种精密仪器，100余项作物生理指标的测试技术，均是近年作物栽培生理研究利用的高端精密仪器开发的新方法或借鉴经典方法验证并修改完善的方法。

　　本书的测试方法测试过程书写详细，仪器操作步骤规范，可操作性强，实用性强，应用范围广，可供科研院所农业专家、高校教师学生进行作物栽培生理方面的研究参考，也可供高校研究生和本科生作实验教材使用。

编 委 会

目　　录

第一章　作物理化指标检测技术

第一节　作物中蛋白质含量测定
——凯氏定氮仪

　　蛋白质是一种天然的含氮高分子化合物，是生命的物质基础，是构成人体和动植物细胞组织的重要成分之一。几乎所有的器官和组织都含有蛋白质，所有的生命活动都与蛋白质密切相关。蛋白质不仅是构成各类细胞原生质的主要物质，而且与核酸组成的核蛋白与生物的生长、繁殖、遗传和变异有密切关系，可以说，没有蛋白质就没有生命。

　　蛋白质广泛存在于动植物性食物中，是人类最重要的营养物质之一。我国目前膳食蛋白质的供给主要来自谷类食物，约占蛋白总摄入量的60%以上，动物蛋白及大豆蛋白约占20%，其他植物蛋白约占13%。因此，通过遗传改良和优化栽培等途径提高谷物蛋白质含量对满足人们的营养需求，增强体质有重要的意义。

　　蛋白质和谷物加工品质有着密切的关系。谷物中蛋白质含量的多少成为评价其食品加工品质和营养价值的重要指标，蛋白质在决定食品的结构、形态及色、香、味方面起着重要作用。有研究表明，小麦蛋白质的量和质与面包烘烤品质直接相关，是决定面包品质的主要指标，蛋白质含量较高的面粉制作的面包体积较大，面包芯蜂窝均匀，质地优良。另外，蛋白质含量也决定着馒头的品质和口感，蛋白质含量高，面粉筋力强，馒头体积大，弹性好，但由于保气性强，导致馒头表皮起皱且内部结构差，制作不易成型，难以揉光面，不均匀，不松散，造成口感差，所以制作馒头以中等蛋白质含量的面粉为佳。

　　主要谷物如小麦、玉米中的蛋白质含量、储存位置及特性各不相同。普通小麦的蛋白质含量为13%左右，小麦粉为11%左右，面粉蛋白质含量比籽粒低2%左右。我国生产上应用的绝大部分小麦品种的蛋白质含量为12%～16%，占全部小麦品种的80%左右。小麦籽粒中的蛋白质分布并不均匀，其中胚和糊粉层中蛋白质含量最高，其次是胚乳，但胚乳中越接近种皮部位蛋白质含量越高。研究表明，胚乳蛋白质主要由麦谷蛋白和麦胶蛋白组成，麦球蛋白和麦清蛋白较少。玉米中的蛋白质主要存在于胚乳中，蛋白质主要由玉米醇溶蛋白组成，以离散和间质蛋白质体的形式存在。研究表明，玉米胚乳中含有的蛋白质种类较多，含有约 5％的清蛋白和球蛋白，约 40％的玉米醇溶蛋白，约 30％的谷蛋白，还有约 20％的剩余蛋白。玉米蛋白质有高水平的谷氨酸和亮氨酸，其中亮氨酸被认为与防治人类一种 B 族维生素缺乏症——糙皮病有关系。

所以研究测定谷物蛋白质的测定方法，准确、高效地测定谷物中的蛋白质含量不仅对于生产上根据谷物蛋白质含量确定谷物用途，充分利用谷物资源有指导意义，而且对于粮食收购部门评定等级以及指导新品种选育等都具有重要的现实意义。

测定谷物蛋白质含量的方法有很多，其中应用最普遍的是凯氏定氮法，该方法是蛋白质含量测定的标准方法。凯氏定氮法是由丹麦化学家凯道尔（Johan Kjedahl）于 1883 发明的，具有很高的准确性，适用于任何形态的样品，也是利用其他方法测定蛋白质含量时的校准标准。研究表明，利用凯氏定氮法测定的氮还包括核酸、生物碱、色素、卟啉和含氮类脂等少量的非蛋白氮，所以利用此法测定的蛋白质称为粗蛋白质。

一、实验目的

掌握凯氏定氮法的定氮原理，以及利用凯氏定氮仪测定作物样品中含氮量的测试技术、测试要求和计算粗蛋白质含量，为作物高产优质栽培研究提供依据。

二、实验原理

将粉碎的谷物样品与浓硫酸共热进行消化，在催化剂（氧化剂）的作用下，硫酸分解为 SO_2 和 H_2O，有机物被氧化成 CO_2 和 H_2O，而有机物中的氮转化成无机铵盐 $(NH_4)_2SO_4$。消化完成后加入过量浓 NaOH，将 NH_4^+ 转变成 NH_3，通过蒸馏把 NH_3 导入过量的硼酸溶液中，再用标准硫酸滴定，直到硼酸溶液恢复原来的 H^+ 浓度。然后根据滴定消耗的标准硫酸的量，通过计算即可得出总氮含量。

$$(NH_4)_2SO_4 + 2NaOH \xrightarrow{\triangle} 2NH_3 \uparrow + 2H_2O + Na_2SO_4$$

$$2NH_3 + 4H_3BO_3 \Longrightarrow (NH_4)_2B_4O_7 + 5H_2O$$

$$(NH_4)_2B_4O_7 + H_2SO_4 + 5H_2O \Longrightarrow (NH_4)_2SO_4 + 4H_3BO_3$$

一般将凯氏定氮法测定的含氮量乘以相关的蛋白质系数即为粗蛋白质含量。不同种类作物的蛋白质系数不同，各类作物的蛋白质系数如表 1-1。

表1-1 各类作物的蛋白质系数

名称	蛋白质系数	名称	蛋白质系数	名称	蛋白质系数
玉米	6.24	芝麻	5.30	小米	5.83
花生	5.46	向日葵	5.30	大米	5.95
大豆及其制品	5.71	大麦	5.83	高粱	6.24
小麦面粉	5.70	裸麦、燕麦	5.83	一般食物	6.25

三、仪器、用具与试剂

(一) 仪器

以丹麦 Foss 公司生产的 Kjeltec ™8200 凯氏定氮仪为例。

凯氏定氮仪 (图1-1) 主要由内置操作系统、自动蒸馏控制系统、蒸馏馏出液温度控制系统和智能安全监控系统四部分组成。其中内置操作系统液晶显示屏带中英文操作界面,由层级菜单逐步实现控制 (图1-2、图1-3)。自动蒸馏控制系统包括样品稀释、碱液添加、自动蒸馏以及消化管自动排空 (图1-4)。蒸馏馏出液温度控制系统位于冷凝器下方,直接测定馏出液温度,监控是否有意外操作导致氨损失。智能安全监控系统包括自动旋转式安全门、试管在位和试管更换传感器、蒸汽发生器液位/过压传感器等一系列安全保护措施。如果旋转式安全门没有关闭或一旦被意外打开,机器会停止所有操作。如果没有消化管放在蒸馏台上,仪器不会执行任何操作。如果没有更换消化管就开始下一次分析时会有报警,且在确认以前不能开始任何操作。另外,仪器还配有通用型消化管接头,一个消化管接头即可适配 100 mL、250 mL、400 mL 和 750 mL 消化管。

图1-1 Kjeltec ™8200 凯氏定氮仪

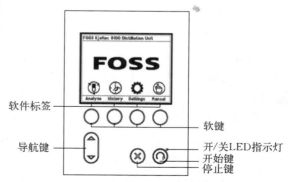

图1-2 定氮仪主菜单

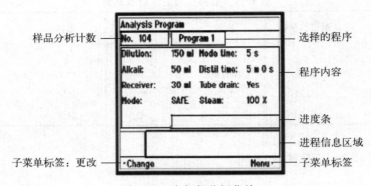

样品分析计数

选择的程序

程序内容

进度条

进程信息区域

子菜单标签：更改 —— ·Change

子菜单标签

图 1-3　定氮仪分析菜单

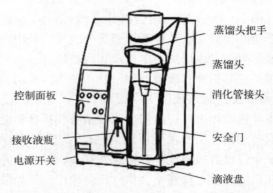

蒸馏头把手

蒸馏头

控制面板

消化管接头

接收液瓶

安全门

电源开关

滴液盘

图 1-4　定氮仪蒸馏单元结构

（二）用具

150 mL 容量瓶；1 000 mL 烧杯；消煮管、消化管。

（三）试剂

1. 40%氢氧化钠溶液　称取 40 g NaOH，溶于适量蒸馏水中，稀释至 1 000 mL。

2. 2%硼酸溶液 1 000 mL（20 g/L）　分析纯硼酸 20 g 溶于 1 000 mL 无氨蒸馏水中。

3. 标准硼砂溶液（$Na_2B_4O_7 \cdot 10H_2O$）　在分析天平上，准确称取分析纯硼砂 0.476 8 g，溶于蒸馏水中，转移至 250 mL 容量瓶中，用水定容，摇匀，即为 0.005 mol/L 的标准溶液。

4. 0.02 mol/L（$1/2H_2SO_4$）**标准液**　量取 H_2SO_4（化学纯、无氮、ρ＝1.84 g/mL）2.83 mL，加水稀释至 5 000 mL，然后用硼砂溶液标定。

5. 0.01 mol/L（$1/2H_2SO_4$）标准液　将 0.02 mol/L $1/2H_2SO_4$ 标准液用水准确稀释 1 倍。

6. 显色剂　称取 0.099 0 g 溴甲酚绿和 0.066 0 g 甲基红，用 95％乙醇定容至 100 mL。

7. 硼酸指示剂　20 mL 显色剂与 1 L 2％硼酸混合均匀。

8. 催化剂　10 g $CuSO_4 \cdot 5H_2O$ 和 30 g K_2SO_4 充分研磨成粉混合均匀，即为 1∶3 催化剂。

9. 0.01 mol/L（$1/2H_2SO_4$）标定　吸取标准硼砂溶液 3 份，各 25 mL 分别放入 3 个 250 mL 三角瓶中，滴入 2 滴～3 滴显色剂，用标准硫酸溶液滴定至由黄绿色刚转紫红色为终点。

硫酸溶液用量 3 份重复的平均值为 V（mL），即

$$C(1/2H_2SO_4) = \frac{0.02 \times 25}{V}$$

$$Na_2B_4O_7 \cdot 10H_2O + H_2SO_4 = Na_2SO_4 + 4H_3BO_3 + 5H_2O$$

四、实验步骤

（一）样品制备

1. 称取 0.100 g 样品于消煮管中，加 0.5 g～1 g 催化剂，混合后，加 3 mL～5 mL 浓硫酸；

2. 消煮管放于消煮炉上，先低温（110 ℃）消煮 1 h 左右，待黑色泡沫不再上涌，升温至 360 ℃～400 ℃消煮 2 h 左右，待溶液显示透明的蓝绿色且不再有黑色粉状颗粒时，继续消煮 30 min 左右，消煮完毕，冷却，待蒸馏。

（二）凯氏定氮仪的基本操作

1. 开机　先打开冷凝水，再打开仪器左下方的开关。

2. 仪器自检　仪器启动后进入自检程序（初始化），初始化完成后，界面进入分析程序，此程序为仪器记录的上次测定所用条件。

3. 试剂参数设置　按下菜单键，进入菜单界面，点击"设置"，选择程序编辑器（共 1～10 个程序模式，可根据需要，设定各个程序），选择程序 1，点击"编辑"，选择相应的稀释液、酸液和碱液，进行具体参数设置：硼酸的量 15 mL～30 mL，碱的量 15 mL～40 mL。其中模式安全是指通气 5 s 后蒸馏（目的是让固体与碱液充分接触），延时则是直接蒸馏。

4. 分析　程序设置好后关闭，进入菜单界面，点击分析、更改，选择相应程序进行测定。测定样品前，需跑 2 个空白，以排净管路中的空气。将消煮管中的样品溶液转移到消化管中，之后用少量水冲洗消煮管 4 次～5 次（充分

转移），然后将消化管放在仪器上，在出硼酸处放置 250 mL 三角瓶，按下"启动"键，等到仪器自动报警时，蒸馏结束。

5. 滴定 将三角瓶取下，用 0.01 mol/L（$1/2H_2SO_4$）滴定至刚呈现紫红色即可，记下初读数 V_0 和终读数 V。

6. 关机 关闭仪器电源，关闭冷凝水阀。

7. 结果计算

$$全 N 量（g/kg）=\frac{(V-V_0)\times C(1/2H_2SO_4)\times 14\times 0.001}{m}\times 1\,000$$

式中：$C(1/2H_2SO_4)$——酸标准溶液浓度（mol/L）；

$\qquad\quad V$——滴定试样所用的酸标准液（mL）；

$\qquad\quad V_0$——滴定空白所用的酸标准液（mL）；

$\qquad\quad 14$——N 的摩尔质量（g/mol）；

$\qquad\quad m$——称样量（g）；

$\qquad$0.001、1 000——换算系数。

五、注意事项

1. 试剂参数设置一般加碱 20 mL 即可，加入硼酸的量由称取的样品的量及其含氮量决定，大致可按每毫升 10 g/L H_3BO_3 能吸收氮量为 0.46 mg 计算，可根据消煮液中含氮量估计硼酸的用量，可适当多加。

2. 温度传感器处温度大于 45 ℃时，会高温报警，此时需要检查冷凝水的水温和水压。夏天使用时，由于冷凝水温度过高，温度报警发生频率升高，此时可以减少蒸汽发生量，在"设置-蒸汽"中设定，可以将蒸汽设定为 80%。

3. 当天使用完毕，立即将仪器擦洗干净，以免仪器被腐蚀。日常清洗：将稀释液体积调到 150 mL，碱和吸收液体积均设置为 0 mL，模式时间 5 s，蒸馏时间 5 min，清洗 2 次。长期不用（1 周以上）：选择菜单→手动→碱，将碱管插入 1 L 温水中进行清洗。

六、思考题

1. 如何理解凯氏定氮法的测试原理？
2. 简述凯氏定氮仪的操作过程及注意事项。

七、参考文献

本方法中仪器操作使用部分参考丹麦 Foss 公司提供的《Kjeltec™8200 凯氏定氮仪仪器使用说明及操作指南》。

第二节　作物中全氮含量的测定
——快速定氮仪

一、实验原理

样品在高温下（大约900 ℃）燃烧，通过控制进氧量氧化消解样品，样品燃烧生成的气体被载气 CO_2 携带直接通过氧化铜（作为催化剂）而被完全氧化。化合物中一定量的难氧化部分会被载气携带通过氧化铜和铂的混合物进一步氧化。燃烧生成的氮氧化物在钨上还原为分子氮，同时过量的氧被结合。用一系列吸收剂将生成的干扰成分如 H_2O、SO_2、HX 从被检测气流中除去。用 TCD 热导检测器来检测 CO_2 载气流中氮气的生成量，与已知浓度标准氮气做比对，可得到被测样品中的全氮含量。

与杜马斯燃烧法相比，传统经典的凯氏法的局限性是不能定量无机氮如硝态氮等，所以在分析含有无机氮的样品时，杜马斯法得到的总氮值总是略微高于凯氏法的测定值。

二、主要仪器与用具

杜马斯燃烧快速定氮仪（配有热导检测器）；分析天平，感量0.000 1 g；样品粉碎机或研钵；样品筛，孔径0.8 mm～1.0 mm；仪器自带配套的包样器。

德国 Elementar 公司 Rapid N exceed 型杜马斯燃烧快速定氮仪（图1-5）主要由气体系统、自动样品进样器、测试主机及测试分析软件四部分组成。其中气体系统主要包括助燃气 O_2 和载气 CO_2，二者均为高纯度气体。O_2 的主要作用是助燃，直接喷射注入在样品上，提供了燃烧所需要的纯氧环境。

自动样品进样器位于测试主机的顶面，60位的进样盘，不需分层，球阀进样技术可保证一个绝对稳定、连续不断的操作（图1-6）。

图1-5　杜马斯燃烧快速定氮仪主机　　图1-6　杜马斯燃烧快速定氮仪顶端进样盘

测试主机内部最左边一长一短的管是干燥管，干燥管装填顺序从下往上：脱脂棉、干燥剂、脱脂棉，如果干燥管有 2/3 变蓝，考虑更换（图 1-7）。

次级燃烧管　　　　　　　　　　　　　　　　　　　一级燃烧管

还原管

干燥管

图 1-7　杜马斯燃烧快速定氮仪内部构造

左侧细长的管为次级燃烧管，装填顺序从下往上：间隔环、网（小）、刚玉球、氧化铜和 Pt-Cat 的混合物、石英棉、ESA-Regainer（还原剂再生剂）和铜棉。

中间粗矮的管是一级燃烧管，装填顺序从下往上：间隔环、网（大）、刚玉球、氧化铜和刚玉球的混合物、刚玉球和灰分管。一级燃烧管每 150 个样清一次灰，可在高温环境下带高温手套清理，注意保护顶盖下的细氧气管（陶瓷性质）；每 800 个~1 000 个样换氧化剂，当温度降至 T<500 ℃时，可换氧化剂。

最右侧的是还原管，属一次性使用耗材，不用填装，仪器配套原装，直径规格 20 cm×2 cm，一般每测试 2 000 个样换一次还原管。

三、药品试剂

1. 载气 CO_2 气体：纯度≥99.995%。

2. 燃烧气 O_2 气体：纯度≥99.995%。

3. 氧化剂：氧化铜。

4. 还原剂：铜。

5. 吸附剂：五氧化二磷。

6. 含氮标准物质：天冬氨酸，纯度≥99.99%。

四、实验步骤

（一）样品制备

粉状样品可以直接测定，其他样品用粉碎机粉碎后过样品筛，装入密闭容器中，做好标记备用。如果样品水分过高，应先将样品放入 60 ℃～65 ℃干燥箱中干燥 8 h，再用粉碎机粉碎。

准确称取粉碎过筛的已烘干的试样 0.1 g～0.3 g（精确至 0.1 mg），使用仪器自带配套的包样器进行锡箔纸包样，将样品包好压片赶出空气后放入仪器自动进样器，设置进样程序。

（二）样品测试

1. 开启电脑 按下主机侧面左下角绿色按钮，打开主机，拔掉主机尾气堵头，等待仪器球阀自检结束。

2. 启动 Rapid N exceed 操作软件 双击桌面 "Rapid N exceed" 图标，出现窗口，选择确定 "OK"，对话框中检查并确保进样盘中没有样品，勾选 "All……" 项，点击 OK，等待进样盘自动调整转动停止。

3. 检查管路 通过选项 "Options‐Maintenance‐Intervals"，检查灰分管、干燥管、还原管是否需要更换，如要更换，需把相应选项的持续时间（Standing）重置为 0。

4. 打开助燃气和载气 打开 O_2 钢气瓶主阀，调节 O_2 钢气瓶压力表为 0.23 MPa～0.25 MPa；打开 CO_2 钢气瓶主阀，调节 CO_2 钢气瓶压力表 0.14 MPa。

5. 检查仪器参数 软件压力和流速显示为 Flow 项，MFC CO_2 出口 700 mL/min；MFC O_2 为 0（测样时加入，待机时为 0）；MFC CO_2 进口 700 mL/min。Press 项，Input 为 1 200 Mbar*，Output 为 800 Mbar～1 000 Mbar。

6. 仪器升温 主菜单选择 System，点击 Furnace，出现窗口点击 Yes，开始升温，等升至设定温度后才可以开始做样。升温结束后 Temperature 项不闪烁：Combust 为 900 ℃，Postcomb 为 600 ℃，Reduct 为 600 ℃。

7. 仪器检漏 点击 Options，选择 Diagnostics，点击 Leak text，点击 Start，显示 Passed，则表示检漏通过。绿色代表已通过，蓝色代表正在检，红色代表气路堵住的位置。需注意的是每次动过气路后仪器必须重新检漏。

8. 输入样品序列 分别输入样品名称、样品重量、选择合适的加氧方法、系统空白、蛋白质因子、样品水分含量等。建议样品测定顺序为 2 个～3 个空白、n 个标准样品（标样结果应平行）、20 个样品、2 个标准品、20 个样品。

9. 仪器校准 一般先做空白 Blank 3 次，直到 N‐Area 栏数值<100；再做标准样品 Standard（天冬氨酸）2 次～4 次，直到 N‐Factor 栏（校正因子）数值在 0.9～1.1 间，最后做测试样品。

10. 测试完毕 等待温度降至 T<300 ℃时，关闭 CO_2 气和 O_2 气，退出

---

* bar 为非法定计量单位，1 bar＝100 kPa≈14.5 psi，余同。——编者注

Rapid N exceed 操作软件，关闭主机电源，将尾气堵头堵好，开启加热炉室的门，让其长时间散热。

五、结果计算

根据标准制作校准曲线，由仪器分析测试软件自动计算出结果，以质量百分数表示总氮含量。

六、注意事项

1. 待测样品需磨成粉，植物过 100 目筛，土壤过 200 目筛；称样量由样品含氮量定，植物样品称取 100 mg～200 mg，土壤称取 250 mg 左右；另外，样品或者烘干，或者知道水分含量确切数值（测试界面 Moisture 栏需要输入水分数值）。

2. 测试植物样品时，要求样品的 N‐Area 与标准品的 N‐Area 相差不大，据此可称取适量的标准物质。另外，每隔 20 个试样加测标样，监控校正因子是否在范围内。

3. 测试页面 Method 栏，做"空白"时，选择通氧气量"Blank with O_2"项；做"标准品"时植物选"250 mg Standard"项，土壤选"250 mg Soil"项。测试页面右侧框：Graphic panel 为曲线界面。

4. 利用标准物质进行校正，校正因子＝理论值/实测值。标准物质为天冬氨酸。校正因子查看方法：选中标准品，选择菜单栏 Mass，点击 Factor，N‐Factor 数值在 0.9～1.1 间有效。

5. 标准曲线拟合（如果校正因子不在 0.9～1.1 间，可据样品性质，取点做曲线）：菜单栏 Calibration，选择 Calibrate，对话框点击 OK，查看拟合曲线（要求 r≥0.999）。

6. 拆卸拉开炉子前，一定要先检查是否已断开还原管，断开一级燃烧管，断开次级燃烧管，断开干燥管下端的连接处；安装时注意中间一级燃烧管顶盖下的氧气管处于燃烧管中间位置。

7. 仪器设置休眠/唤醒：主菜单 Options，选择 Sleep/Wake Up 项，选择 Sleeping at end of Sample，勾选"关闭载气项"和 3 个"管路降温项"。在下面的 Wake Up 栏可设置唤醒时间。

8. 灰分管一般做 150 个样需清理，次级燃烧管做 500 个样则需更换再生剂；当清理需要取出炉子时，炉温降至 500 ℃以下方可操作。

七、参考文献

本方法仪器使用部分参考德国 Elementar 公司提供的《Rapid N exceed 型快速定氮仪使用说明及操作指南》。

第三节 作物中可溶性蛋白含量的测定
——分光光度计

作物体内的可溶性蛋白质大多数是参与各种代谢的酶类，测其含量是了解作物体总代谢的一个重要指标。在研究每一种酶的作用时，常以比活（酶活力单位/mg 蛋白）表示酶活力大小。因此，测定作物体内可溶性蛋白质含量是研究酶活的一个重要项目。

一、实验原理

考马斯亮蓝 G-250 在游离态下呈红色，当它与蛋白质的疏水区结合后变为青色，前者最大光吸收在 465 nm，后者在 595 nm。在一定蛋白质浓度范围内（0~100 mg/L），蛋白质-色素结合物在 595 nm 波长下的光吸收与蛋白质含量成正比，故用于蛋白质的定量测定。蛋白质与考马斯亮蓝 G-250 结合在 2 min 左右的时间内达到平衡，完成反应十分迅速，其结合物在室温下 1 h 内保持稳定。

二、测试方法

（一）反应液配制

0.1 g G-250 溶于 50 mL 90％乙醇中，加入 100 mL 85％磷酸，定容至 1 000 mL，过滤。

（二）酶液的配备

称取 0.5 g 放入研钵中，加 5 mL pH7.8 的磷酸缓冲液，冰浴研磨，匀浆倒入离心管中，冷冻离心 20 min（转速为 4 000 r/min），上清液（酶液）倒入试管中，置于 0 ℃~4 ℃下保存待用。

（三）测定

20 μL 酶液＋3 mL G-250 反应液放置 2 min，分光光度计 595 nm 比色，同时做空白（20 μL 缓冲液＋3 mL G-250）反应液，记录吸光度，通过标准曲线获得蛋白质含量。

（四）结果计算

$$可溶性蛋白（mg/g\ FW）=(C\times V/Va)/W$$

式中：C——查标准曲线所得蛋白质含量（mg）；

V——提取液总体积（mL）；

Va——测定所取提取液体积（mL）；

W——取样量（g）。

三、思考题

1. 测定植物体内可溶性蛋白含量的目的是什么？
2. 考马斯亮蓝法测定可溶性蛋白含量的原理是什么？

第四节 作物中粗脂肪含量的测定（一）

——索氏抽提仪

粗脂肪含量是粮食、油料、饲料等产品标准中重要的质量指标之一，也是评价产品品质，组织生产的重要依据之一。国内外测定粗脂肪含量的方法有十多种，索氏抽提法是应用最广泛和最经典的测定方法。其中油重法适用于测定油料作物种子的粗脂肪含量，残余法适用于测定谷类、油类作物籽粒数量较大样品的粗脂肪含量。由于有机溶剂的抽提物中除脂肪外，或多或少含有磷脂、游离脂肪酸、甾醇、蜡及色素等类物质，因而索氏抽提法测定的脂肪为粗脂肪。

一、谷物中粗脂肪含量的测定——索氏抽提（油重）法

（一）实验目的

了解索氏抽提法测定粗脂肪含量的原理，掌握索氏抽提法测定粗脂肪含量的操作方法以及熟悉有机溶剂抽提脂肪及溶剂回收的基本操作，以利于采取有效的农艺措施改善作物的品质。

（二）实验原理

实验采用索氏抽提法中的油重法，即用低沸点有机溶剂（无水乙醚）回流抽提，使样品中的脂肪进入溶剂中，蒸去溶剂后所得到的残留物即为粗脂肪。

（三）仪器与试剂

分析天平（感量 0.000 1 g）；电热恒温干燥箱；电热恒温水浴锅；索氏脂肪抽提器（60 mL/150 mL）；干燥器（备有变色硅胶）；滤纸（中速）；脱脂棉、脱脂线和脱脂细砂；实验室用粉碎机、研钵；长柄镊子；无水乙醚（化学纯）或石油醚。

索氏脂肪抽提器主要由上部的冷凝器，中部的提取管和下部的提取瓶三部分组成（图 1-8）。提取管

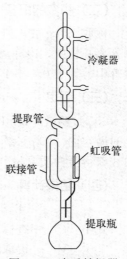

冷凝器

提取管

虹吸管

联接管

提取瓶

图 1-8　索氏抽提器

两侧分别有虹吸管和联接管，各部分连接处要严密不能漏气。提取时，将待测样品包在脱脂滤纸包内，放入提取管内。提取瓶内加入无水乙醚，加热提取瓶，无水乙醚气化，由连接管上升进入冷凝器，凝成液体滴入提取管内，浸提样品中的脂类物质。待提取管内无水乙醚液面达到一定高度，溶有粗脂肪的无水乙醚经虹吸管流入提取瓶。流入提取瓶内的无水乙醚继续被加热气化、上升、冷凝、滴入提取管内，如此循环往复，直到抽提完全为止。

（四）实验步骤

1. 样品包扎 从备用的样品中，精确称取 2 g～5 g 样品于铝盒中，在 105 ℃下烘 30 min，趁热倒入研钵中，加入约 2 g 脱脂细砂一同研磨。将试样和细砂研到出油状后，全部转入滤纸筒内（筒底预先塞一层脱脂棉，并在 105 ℃下烘 30 min），再用脱脂棉蘸取少量乙醚擦净研钵上的试样和脂肪，并入滤纸筒内，最后再用脱脂棉塞入滤纸筒上部，压住试样。

2. 萃取抽提 预先洗净各部件，并在 105 ℃下烘干，将提取瓶烘至恒重的抽提器安装妥当，然后将装有试样的滤纸筒置于提取管内，同时注入无水乙醚至虹吸管高度以上，待乙醚流净后，再加入无水乙醚至虹吸管高度的 2/3 处。用一小块脱脂棉轻轻地塞入冷凝管上口，打开冷凝管进水管，开始加热抽提。

加热的温度以每分钟回流的乙醚在 120 滴～150 滴，每小时回流 7 次以上为好。抽提的时间根据试样的含油量而定，一般在 8 h 以上，判断抽提是否彻底的依据是，用玻璃片检查抽提管内的乙醚有无油迹。

3. 烘干 抽净脂肪后，用长柄镊子取出滤纸筒，再加热使乙醚回流 2 次，然后回收乙醚，取下冷凝管和提取管，加热除尽提取瓶中残余的乙醚，用脱脂棉蘸取乙醚擦净提取瓶外部，然后将提取瓶在 105 ℃下先烘 90 min，放入干燥器中冷却后称重，再烘 20 min，冷却后再次称重，直至两次重量差在 0.000 2 g 以内，即为恒重。提取瓶增加的重量即为粗脂肪的重量。

4. 结果计算 粗脂肪及粗脂肪湿基和干基含量的计算公式分别为：

$$粗脂肪重 W_1 = m_1 - m_0$$

$$粗脂肪湿基含量 = \frac{W_1}{W} \times 100\%$$

$$粗脂肪干基含量 = \frac{W_1 \times 100}{W(100-M)} \times 100\%$$

式中：m_0——抽提瓶重（g）；

m_1——提取瓶和粗脂肪重（g）；

W_1——粗脂肪重（g）；

W——试样重（g）；

M——试样水分百分率（％）。

（五）注意事项

1. 如无现成的滤纸筒，可取长 28 cm、宽 17 cm 的滤纸，用直径 2 cm 的试管，沿滤纸长方向卷成筒形，抽出试管至纸筒高的一半处，压平抽空部分，折过来，使之紧靠试管外层，用脱脂线系住，下部的折角向上折，压成圆形底部，抽出试管，可得直径 2 cm、高约 7.5 cm 的滤纸筒。

2. 样品应干燥后研细，样品含水分会影响溶剂提取效果，而且溶剂会吸收样品中的水分造成非脂成分溶出。装样品的滤纸筒一定要严密，不能往外漏样品，但也不要包得太紧影响溶剂渗透。放入滤纸筒时高度不要超过回流弯管，否则超过弯管的样品中的脂肪不能提取完全，造成误差。

3. 索氏抽提法用的有机溶剂除乙醚外，也可用石油醚，但均要求二者无水、无醇、无过氧化物，挥发残渣含量低。因水和醇可导致样品中水溶性物质溶解，如水溶性盐类、糖类等，使得测定结果偏高，而过氧化物会导致脂肪氧化，在烘干时有引起爆炸的危险。

4. 实验中发现抽提结束后，提取瓶烘干不易恒重（指前后两次称量的质量之差在 0.3 mg 以下）。反复加热会因脂肪的氧化而增重，故质量增加时，以增重前的质量为恒重。

5. 在抽提时，冷凝管上端最好连接一个氯化钙干燥管，这样可防止空气中的水分进入，也可避免乙醚挥发在空气中，如无此装置可塞一团干燥的脱脂棉球。

（六）思考题

1. 简要叙述实验中索氏抽提（油重）法应注意的问题？
2. 简要叙述索氏抽提（油重）法的测试原理及操作流程？

（七）参考文献

中华人民共和国国家标准总局，1982. 谷类　油料作物种子粗脂肪测定方法：NY/T 4—1982［S］.

二、谷物中粗脂肪含量的测定——索氏抽提（残余）法

（一）实验目的

了解索氏抽提法测定粗脂肪含量的原理，掌握索氏抽提法测定粗脂肪含量的操作方法，以利于采取有效的农艺措施改善作物的品质。

（二）实验原理

实验采用索氏抽提法中的残余法，即用低沸点有机溶剂（无水乙醚）回流抽提，除去样品中的粗脂肪，以测试样品与剩余残渣二者间的重量之差，计算粗脂肪含量。

（三）仪器与试剂

分析天平（感量 0.000 1 g）；恒温干燥箱；恒温水浴锅；YG‑2 型脂肪抽提器；干燥器（装有变色硅胶）；滤纸（中速）；脱脂棉、脱脂线和脱脂细砂；研钵；长柄镊子；无水乙醚（化学纯）。

（四）实验步骤

1. 样品准备　将样品预先在 80 ℃烘箱中干燥 2 h，以制备样品。谷类、大豆经粉碎后，要求 95％的样品过 40 目筛。花生仁需用切片机或小刀切成 0.5 mm 以下的薄片。芝麻需用实验室粉碎机或研钵细心研碎，不能留有整粒。向日葵种子需经剥壳后籽仁粉碎至均匀粉末。

2. 称量滤纸包　将预先叠好的一边不封口的滤纸包按顺序编号，放在干净的培养皿中。然后将培养皿连同滤纸包（滤纸包不宜放多，以平放不重叠挤压为佳）放入 150 ℃±1 ℃烘箱中干燥 2 h，取出放入干燥器中冷却至室温后用镊子夹取依次称重（m_1），做好记录。

3. 装入样品　带上一次性手套，用角匙将已制备好的样品小心地装入滤纸包中，然后封口。谷物一般称取 3 g～5 g，油料作物称取 1 g 左右。装好样封好口的滤纸包按序号放入培养皿中（滤纸包不宜放多，以平放不重叠挤压为佳），然后将培养皿放入 150 ℃±1 ℃烘箱中干燥 2 h，取出放入干燥器中冷却至室温后用镊子夹取依次称重（m_2），做好记录。

4. 溶剂抽提

（1）在 YG‑2 型脂肪抽提器的抽提筒底部有一个溶剂回收嘴，上面装有一个短的橡皮管，首先把橡皮管折弯过来，夹上弹簧夹。将干燥后已称重的装有样品的滤纸包放入抽提筒中（不宜太多，一次放 15 个～20 个），倒入无水乙醚，液面要没过滤纸包高度，然后连接好抽提器的各个部分，使样品浸泡过夜。

（2）将浸泡过夜后的乙醚放入抽提瓶，在抽提瓶底部放入几粒玻璃球或浮石，然后在抽提筒中重新倒入无水乙醚，使其完全浸泡样包，再次连接好抽提器的各部分，接通并打开冷凝水流，在水浴锅中进行抽提，并调节水温至 70 ℃～80 ℃，使冷却滴下的乙醚成连珠状（乙醚回流量为 20 mL/min 以上）。谷物一般抽提 6 h～8 h，含油量高的油料作物抽提时间要更长。

（3）抽提结束，取出样包，放在滤纸上晾干，在通风处使乙醚挥发，然后将抽提器中的乙醚进行回收。

（4）待乙醚挥发干净，将样包排列在培养皿中，放入 150 ℃±1 ℃烘箱中干燥 2 h，取出放入干燥器中冷却至室温后用镊子夹取依次称重（m_3），做好记录。这次称重与第一次称重的质量差为粗脂肪重。

5. 结果计算

$$粗脂肪（\%，干基）=\frac{m_2-m_3}{m_2-m_1}\times100$$

式中：m_1——干燥后的滤纸包重；

　　　m_2——干燥后的滤纸包和样品重；

　　　m_3——抽提结束干燥后的滤纸包和样品重。

（五）注意事项

1. 实验过程中，涉及滤纸包干燥后称重、滤纸包和样品干燥后称重、抽提结束滤纸包和样品干燥后称重，每次称重都要避免用手直接接触样品，应用镊子夹取，并带上一次性手套。另外，称重时还要注意室内相对湿度不超过70%。

2. 测定大豆、花生等含油量较高的油料作物时，应适当延长抽提时间。

3. 判定样品中粗脂肪是否抽提完全，可用镊子将滤纸包拿出放在滤纸上，待乙醚挥发干净，查看滤纸上是否留有油渍痕迹。

4. 乙醚易燃、易爆，且有较大刺激性气味，使用时应做好防护措施，佩戴口罩，做好通风，注意使用安全。

（六）思考题

1. 简要叙述实验中索氏抽提（残余）法应注意的问题？

2. 简要叙述索氏抽提（残余）法的测试原理及操作流程？

3. 利用索氏抽提油重法和残余法测定粗脂肪的原理差异？

（七）参考文献

中华人民共和国国家标准总局，1982. 谷类　油料作物种子粗脂肪测定方法：NY/T 4—1982 [S].

第五节　作物中粗脂肪含量的测定（二）

——脂肪检测仪

　　油脂是一大类天然有机化合物，是人类食物的三大主要成分之一。油脂在生物体内发挥着重要的生物学功能，是人体和其他生物体的重要组成成分，是储藏和供应能量的主要物质，提供人体无法合成的亚油酸、亚麻酸等必需脂肪酸和其他重要物质的前体，另外作为维生素类物质的溶剂和激素的重要成分促进了脂溶性维生素的吸收。

　　据统计，植物油约占我国消费油脂总量的60%。其中多来自于油菜籽、大豆、花生、向日葵籽和芝麻等油料作物，因经过榨油或提取可使油分从储藏器官分离出来供食用或食品加工利用等，称为可见油脂。禾谷类作物种子产生的油脂为不可见油脂，即不经榨取随食物一起食用的油脂，如米和面粉等，主要来自于玉米、小麦和水稻等栽培作物，但含油量相对较低。

不同植物油分储藏位置不同。豆科植物的油分主要储藏于子叶的油质体、球粒体和油囊中，禾本科作物的油分主要储藏在胚的油质体中。提高油脂的质量体现在两个方面，一是提高作物含油器官的比例，增加含油量；二是改良脂肪成分，特别是提高油酸、亚油酸含量，降低棕榈酸、硬脂酸等饱和脂肪酸和芥酸含量。油酸是最理想的脂肪酸，除其耐储藏外，还极易被人体吸收。作物中的脂肪实际上是由多种脂肪酸构成的不同种类脂肪的混合物，作物中脂肪含量及脂肪酸组成是评价作物品质的重要指标之一。

粗脂肪是脂溶性物质的总称，除真脂肪外，还含有其他溶于乙醚的有机物质，如叶绿素、胡萝卜素、有机酸、树脂、脂溶性维生素等，故称粗脂肪或乙醚浸出物。

测定粗脂肪大多采用低沸点的有机溶剂萃取的方法。常用的溶剂有乙醚、石油醚、氯仿-甲醇混合溶剂等，其中乙醚溶解脂肪的能力强，但乙醚沸点低（34.6 ℃），易燃，且含水乙醚会同时提取出糖等非脂成分。所以提取油脂必须选用无水乙醚作提取剂，并保证样品也无水分。石油醚提取脂肪的作用略低于乙醚，但没有乙醚的易燃性，允许样品含有微量水分。

综上所述，探讨研究关于脂肪测试的理论，建立一系列简便、快速、实用的脂肪测试方法，快速准确的测定脂肪含量及其组分含量，对于提高作物油脂含量和改良油脂质量都具有重要的意义。

一、实验目的

了解脂肪分析仪法测定粗脂肪含量的原理，掌握利用脂肪分析仪测定粗脂肪含量的操作方法。

二、实验原理

脂肪测定仪测定操作主要由加热浸泡抽提、溶剂回收和蒸干冷却等几部分组成。根据重量测定方法，利用索氏抽提原理来测定粗脂肪含量，即在有机溶剂下溶解脂肪，用抽提法把脂肪从溶剂中分离出来。操作时可以根据试剂沸点不同而调节加热板温度，试样在抽提过程中被反复浸泡及抽提，然后烘干、称量，计算脂肪含量。

三、仪器与试剂

（一）主要仪器与试剂

脂肪检测仪；电热恒温干燥箱；分析天平（感量 0.000 1 g）；干燥器；石

油醚（沸程30 ℃～60 ℃）；乙醇。

（二）脂肪检测仪的主要构成

以 Soxtec Avanti 2055 型脂肪检测仪为例，脂肪检测仪主要由浸提系统和控制装置及配套附件等部分组成。

1. 浸提装置　浸提系统包括浸提装置及其附件，是脂肪提取仪的主要部分。浸提装置顶部的盖板下有溶剂添加口，可用溶剂添加装置经导管和仪器内的连接分配器将溶剂加入各个浸提单元。浸提装置（EU）采用 2 个控制手柄同时控制 6 个样品/纸套筒和冷凝器/浸提杯的位置，每个手柄的顶端都带有嵌入式锁定装置。左手柄可以控制样品在 3 个位置：低位时可对样品进行热浸提，中位时可对样品进行淋洗，高位时可进行溶剂回收。右手柄可以控制冷凝器/样品杯在 3 个位置：低位时是样品分析位置，中位时进行溶剂添加，高位时进行溶剂回收。

浸提装置的右侧有溶剂液位指示器、排空管和排空阀等部件。试验结束后，如果指示器显示溶剂满（高于红色标志线）时，打开排空阀将溶剂从排空管放出。利用浸提装置对样品的提取按如下步骤进行：首先将左手柄置于低位，使样品在沸腾的溶剂中浸泡一段时间，将可溶性物质尽量溶出；然后将左手柄置于中间位置，使样品提升至溶剂液面以上，用从冷凝器回流的溶剂充分洗涤样品，使脂肪提取完全；最后将手柄抬至高位，进行溶剂回收和蒸干。

随着样品位置的上抬，冷凝器的阀门会关闭，数分钟后大部分溶剂被回收到回收桶中，再随着空气泵的启动，残余的溶剂就会被全部蒸发。浸提过程每一步所需的时间均可通过控制装置预先进行设定并控制。

2. 控制装置　浸提装置中热板的温度及浸提过程中每步所设定的时间均由控制装置完成。主要包括设定键、超高温设定的锁定装置、程序开/关键、加/减键、通风键及热板控制键等。

（1）设定键。设定键有两个，一个是超高温设定键，一个是程序选择设定键。超高温设定键用于选择超高温，当超高温设定的锁定装置打开时，该键可进行超高温设置。程序选择设定键位于程序控制部位，每次运行时，都可根据需要设定或选择储存的程序。

具体操作为：先用加/减键选定一个程序编号，再按设定键选定所需设定的项目，然后用加/减键输入具体数值。设定完一项，再按设定键选择另一个设定项，依次可设定浸提过程每一步所需的温度、时间等各个参数。全部设定完成后，稍等片刻或按设定键至数字停止闪动便可进入下一步操作。本控制装置可设定储存 9 种程序供操作中选择使用。其中，回收时间的设定可参照以往溶剂回收所需时间设定。

（2）超高温设定的锁定装置。该装置用来锁定选择的超高温和防止因误操作而改变超温设定。当锁定装置位于开启位置时，可通过右上方的设定键来改变超高温设置。

（3）程序开/关键。利用此键可以启动和关闭提取程序。

（4）加/减键。该键在提取时可以选择程序，也可增减设定温度。

（5）通风键。当程序运行到溶剂回收步骤时，利用该键启动空气泵将溶剂吹干。

（6）热板控制键。该键主要功能是在提取开始前预热加热板，在加热启动的同时，可自动打开仪器内的冷却水阀。

3. 浸提杯、杯托盘和杯托架　Soxtec Avanti 2055 型脂肪检测仪配套的浸提杯是铝杯。在使用过程中一定要将浸提杯放在洁净处，以防污物改变其皮重。在使用前要仔细查看外皮和杯底是否干净，是否被损坏，是否有凹凸不平，避免因接触不良而导致热量传递不畅，使加热效率降低。杯托架一次可放置 6 个浸提杯。杯托盘用来在浸提前后放置浸提杯，以防污染。

4. 纸套筒、纸套筒手夹和浸提杯专用架　纸套筒在使用前必须装接在纸套筒接头上，且位置居中，安装时要防止纸套筒被污染；纸套筒手夹用来取已装接好的纸套筒，可以避免污染；提取过程中需要用浸提杯时可使用浸提杯专用架。

四、实验步骤

（一）称取样品

根据试样不同，准确称取粉碎的样品 3 g～5 g，放入装有接头的纸套筒中，并在纸套筒的样品上方盖一层脱脂棉，用纸套筒手夹依次将装有样品的纸套筒放入载架的托盘内。

（二）居中放置纸套筒

将浸提装置的右手柄升至高位，左手柄放置低位，用戴有手套的手分别将纸套筒放入各个浸提单元中的纸套筒吸附位置处，并使其居中。

（三）浸提杯注入溶剂

将浸提装置上的左右手柄同时升至高位，用浸提杯托架将在分析天平上已称重且编号的浸提杯放入浸提装置。将右手柄调至中间位置，让浸提杯冷凝器的位置同浸提杯相吻合，然后通过浸提装置上部的溶剂添加口注入溶剂。最后将右手柄压到最低位置，使冷凝器和浸提杯紧密结合。

（四）设置控制程序

打开控制装置后面的电源开关（指示灯亮），设定好提取程序。仔细确认浸提所用溶剂的特性，明确溶剂燃点，再次确认所用溶剂的超高温设定是否正确，确认无误后按开启键启动控制程序。

（五）打开冷凝水

上述操作步骤设置完毕，打开冷凝器水龙头，水流不宜过大也不宜过小，调整其流量为 20 mL/min 左右即可（水温 20 ℃）。

（六）溶剂浸提淋洗及回收蒸干

1. 当浸提装置的温度达到设定温度时，蜂鸣器会自动鸣响进行提示，此时需将左手柄放置于低位，按计时控制键，开始第 1 步浸提操作。

2. 热浸提操作完成后，蜂鸣器再次鸣响，将左手柄放到中间位置，按计时控制键，进行第 2 步淋洗操作。

3. 当淋洗过程完成后，蜂鸣器又会鸣响，此时需将左手柄升至高位，按计时控制键，开始第 3 步溶剂回收操作，使溶剂进入回收罐。回收进行到最后 3 min 时，空气泵会自动开启并运转 3 min，使溶剂尽量回收完全。

4. 溶剂回收操作完成，蜂鸣器再次响起时，将右手柄放到中间位置，按第 4 步蒸干操作。此时可使热板温度继续保持一段时间，使溶剂进一步蒸干。

5. 全部操作完成后，首先关掉主电源，冷水阀可晚些关闭。打开溶剂回收阀，用导管将溶剂回收罐中的溶剂导入回收容器。待浸提杯稍凉后，再将两个手柄都升到高位，取出浸提杯，放于 150 ℃烘箱中烘 30 min，在干燥器中冷却后称重。

（七）结果计算

样品粗脂肪含量计算公式：

$$粗脂肪含量 = \frac{m_3 - m_2}{m_1} \times 100\%$$

式中：m_1——样品质量（g）；

　　　m_2——浸提杯质量（g）；

　　　m_3——浸提杯和脂肪总质量（g）。

五、注意事项

1. 本实验所用有机溶剂易挥发、易燃烧，且有一定的毒害，实验操作过程中务必保持通风。另外，不能用明火加热，同时也要防止静电释放产生火花。

2. 利用控制装置设定的超高温是加热溶剂时的保护温度，需根据所使用溶剂的特性设定超高温，选择具体的安全值和升温程序。

3. 将纸套筒与纸套筒接头连接，用手将纸套筒送入纸套筒吸附位置时，都应戴上手套以防纸套筒被污染而影响测定结果。

4. 利用浸提装置提取完成后，应先关闭电源再取出浸提杯。若浸提杯内有残余的有机溶剂，应先晾干，然后再放入烘箱烘干，以防有机溶剂在烘箱内燃烧爆炸。

5. 实验操作完成后，应将溶剂回收罐内的溶剂完全放出，以防下次换用其他溶剂时产生交叉污染。

6. 实验过程中，冷凝管上端最好塞一团干脱脂棉，既可以防止空气中水分进入，还可以避免石油醚挥发到空气中。

7. 每次换用其他溶剂时，应重新确认所用溶剂的燃点，并设定加热板的加热温度不超过溶剂燃点。

8. 该仪器的故障维修应由专业人员操作进行，实验操作人员不要随意拆卸仪器，特别是带电拆卸，以避免损坏仪器，造成事故。使用仪器前务必认真阅读学习仪器使用操作说明，以避免操作不当造成仪器损坏。

六、思考题

1. 脂肪检测仪的测定原理是什么？
2. 利用脂肪检测仪测定粗脂肪，其关键实验步骤有哪些？

七、参考文献

本方法中仪器操作使用部分参考丹麦福斯/Foss 公司提供的《Soxtec Avanti 2055 型脂肪检测仪仪器使用说明及操作指南》。

第六节　作物组织中可溶性糖总量的测定
——分光光度计

糖类化合物是作物光合作用的主要产物，它是人类和动植物维持生命所不可缺少的一类物质，广泛存在于作物的根、茎、叶、果实和种子中，根据其结构和性质，糖类化合物可分为单糖、低聚糖和多糖。单糖主要有葡萄糖、果糖等，低聚糖主要有麦芽糖、蔗糖等，多糖主要有淀粉、纤维素等。可溶性糖总量的测定，对于研究作物栽培技术有重要的意义。

一、实验目的

学习掌握作物组织中可溶性糖总量的测定方法，及时测试作物组织中水溶性糖总量，为作物栽培技术改进提供可靠依据。

二、实验原理

糖在浓硫酸作用下，可经脱水反应生成糖醛或羟甲基糠醛，生成的糠醛或羟甲基糠醛可与蒽酮反应生成蓝绿色糠醛衍生物，在一定范围内，颜色的深浅与糖的含量成正比。糖类与蒽酮反应生成的有色物质，在可见光区有吸收峰，可用分光光度计比色测定。

三、仪器与试剂

（一）仪器用具

分光光度计、水浴锅、刻度试管和刻度吸管。

（二）试剂

1. 蒽酮乙酸乙酯试剂：取分析纯蒽酮 1 g，溶于 50 mL 乙酸乙酯中，储存于棕色瓶中，在黑暗中可保存数星期，如有结晶析出，可微热溶解。

2. 浓硫酸，比重为 1.84 g/mL。

四、实验步骤

（一）标准曲线的制作

1. 1%蔗糖标准液 将分析纯蔗糖在 80 ℃下烘至恒重，精确称取 1.000 g。加少量水溶解，转入 100 mL 容量瓶中，加入 0.5 mL 浓硫酸，用蒸馏水定容至刻度。

2. 100 μg/L 蔗糖标准液

（1）精确吸取 1%蔗糖标准液 1 mL 加入 100 mL 容量瓶中，加水至刻度。

（2）取 20 mL 刻度试管 11 支，从 0～10 分别编号，按表 1-2 加入溶液和水。

表 1-2 可溶性糖标准曲线试剂量

试 剂	管 号					
	0	1、2	3、4	5、6	7、8	9、10
100 μg/L 蔗糖标准液（mL）	0	0.2	0.4	0.6	0.8	1.0
水（mL）	2.0	1.8	1.6	1.4	1.2	1.0
蔗糖（μg）	0	20	40	60	80	100

（3）按顺序向试管中加入 0.5 mL 蒽酮乙酸乙酯试剂和 5 mL 浓硫酸，充分振荡，立即将试管放入沸水中，逐管均准确保温 1 min，取出后自然冷却至室温。取一个含蔗糖的标准液用分光光度计在 400 nm～700 nm 波长范围内进行光谱扫描，620 nm 波长下其吸光度最大。以空白作参比，在 620 nm 波长下测各标准曲线的吸光度；以吸光度为纵坐标，以糖含量为横坐标，绘制标准曲线，并求出标准线性方程。

（二）可溶性糖的提取

取作物样品 0.10 g，放入刻度试管中，加入 10 mL 蒸馏水，塑料薄膜封口，于沸水中提取 30 min，重复提取 1 次，提取液过滤入 25 mL 容量瓶中，反复漂洗试管及残渣，定容至刻度。

（三）显色测定

吸取样品提取液 0.5 mL 于 20 mL 刻度试管中，加蒸馏水 1.5 mL，然后按标准曲线测定方式加入试剂处理，测定样品的吸光度，计算可溶性糖的含量。

五、结果计算

由标准曲线方程求出糖的量（μg），按下式计算测试样品的糖含量。

$$可溶性糖含量=\frac{\dfrac{从回归方程求得糖的量}{吸取样品液的体积}\times 提取液量\times 稀释倍数}{样品干重}\times 100\%$$

六、注意事项

切勿将样品的未溶解残渣加入反应液中，以免细胞壁中的纤维素、半纤维素等与蒽酮试剂发生反应而增加测定误差。

七、思考题

测定作物组织中的糖含量有何意义？

八、参考文献

李合生，2000. 植物生理生化实验原理和技术 ［M］. 北京：高等教育出版社．

第七节　作物组织中几个糖组分的测定
——高效液相色谱仪

作物组织中的主要糖分有葡萄糖、果糖和蔗糖，它们都溶于水，也溶于酒精，统称为水溶性糖。蔗糖是植物储藏、积累和运输糖分的主要形式；葡萄糖是活细胞的能量来源和新陈代谢中间产物，即生物的主要供能物质；果糖是葡萄糖的同分异构体，能与葡萄糖结合生成蔗糖。各糖组分含量的测定，对于鉴定作物品质、研究碳氮代谢、改进栽培技术等都有重要的意义。

一、实验目的

掌握用高效液相色谱仪快速检测作物中糖组分的技术，为研究作物光合产物运输与转化研究提供有效依据。

二、实验原理

配备示差折光检测器的高效液相色谱仪是根据折射原理设计的，由于糖类化合物具有一定的比旋光度，因此可以通过连续检测样品流路与参比流路间液体折光指数差值进行检测。

高效液相色谱仪工作过程中首先是用高压泵将流动相以一定的速度泵入系统，注入的样品在流动相的携带下进入装填有固定相的色谱柱，不同的糖组分在恒温的色谱柱中由于在液相和固相中具有不同的分配系数，在向前流动时，经过反复多次的吸附-解吸附的分配过程，各组分被逐渐分离，依次从柱内流出，不同组分经过检测器会产生不同强度的信号，根据出峰时间及峰面积可以对流出物质进行定性和定量分析。

三、仪器与试剂

（一）主要仪器

高效液相色谱仪（配置示差折光检测器），专用糖柱（Sugar - PakⅠ（300 mm×6.5 mm i.d）或氨基柱（250 mm×4.6 mm i.d），Sep Pak C18 小柱，离心机，超声波清洗机，0.45 μm 过滤膜。

（二）试剂

1. 采用专用糖柱检测试剂：蔗糖、葡萄糖、果糖、甘露醇等标准品，EDTA-钙盐。

2. 采用氨基柱检测试剂：鼠李糖、木糖、阿拉伯糖、果糖、葡萄糖、半乳糖、蔗糖和纤维二糖等标准品，乙腈。

3. 提取用试剂：乙酸锌、亚铁氰化钾、冰乙酸、石油醚和超纯水。称取乙酸锌 21.9 g，加冰乙酸 3 mL，加水溶解并稀释至 100 mL 即为乙酸锌溶液；称取亚铁氰化钾 10.6 g，加水溶解并稀释至 100 mL，即为亚铁氰化钾溶液。

四、实验步骤

（一）样品的制备

1. 脂肪含量小于 10%的样品 称取粉碎后的试样 0.5 g～10 g（含糖量越大称取量越少）（精确至 0.001 g）于 100 mL 容量瓶中，加水约 50 mL 溶解，缓慢加入乙酸锌溶液和亚铁氰化钾溶液各 5 mL，以除去样品中的蛋白质。加水定容至刻度，超声 30 min，用干燥滤纸过滤，弃去初滤液，后续滤液过 Sep Pak C18 小柱去色素，取上清液用 0.45 μm 微孔滤膜过滤，供液相色谱分析。

2. 脂肪含量大于 10% 的样品 　称取粉碎后的试样 5 g～10 g（精确至 0.001 g）置于 100 mL 具塞离心管中，加入 50 mL 石油醚，混匀，放气，振摇 2 min，1 800 r/min 离心 15 min，去除石油醚后重复以上步骤至去除大部分脂肪。蒸发残留的石油醚，用玻璃棒将样品捣碎并转移至 100 mL 容量瓶中，用 50 mL 水分 2 次冲洗离心管，洗液并入 100 mL 容量瓶中，缓慢加入乙酸锌溶液和亚铁氰化钾溶液各 5 mL，加水定容至刻度，超声 30 min，用干燥滤纸过滤，弃去初滤液，后续滤液过 Sep Pak C18 小柱去色素，用 0.45 μm 微孔滤膜过滤，供液相色谱分析。

（二）标准溶液的制备

分别准确称取 1 g 各糖组分的标准品，置于 50 mL 容量瓶中，用少量水溶解后，定容至刻度，即为各糖组分 20 mg/mL 的标准储备液。分别取储备液 1 mL、2 mL、3 mL、4 mL、5 mL 置于 50 mL 容量瓶中，定容，即得到浓度为 0.4 mg/mL、0.8 mg/mL、1.2 mg/mL、1.6 mg/mL、2.0 mg/mL 的梯度标准溶液。

（三）流动相的准备

1. 采用专用糖柱 　配制 0.1 mmol/L EDTA-钙水溶液，由于 Sugar-Pak Ⅰ 专用糖柱由钙基树脂填装而成，氢离子或其他离子会取代钙离子，或是引起与柱中糖的置换，尤其是像蔗糖这样易于置换的糖，因此在流动相中加入一定量的钙离子来保持平衡和防止与样品的置换。取 50 mg EDTA-钙盐，先用少量水溶解，然后定容至 1 L，经 0.45 μm 滤膜过滤，超声脱气待用。

2. 采用氨基柱 　配制乙腈∶水＝75∶25（体积比）溶液，经 0.45 μm 滤膜过滤，超声脱气待用。

（四）仪器准备

1. 使用专用糖柱

（1）仪器参数设置。流动相流速设为 0.5 mL/min；柱箱温度为 90 ℃，检测器温度为 40 ℃。

（2）平衡色谱柱。首先进行系统排气，然后逐渐增加流速，在柱温达到 70 ℃ 以前，设置流速在 0.2 mL/min～0.3 mL/min，在柱温达到 70 ℃ 时，流速增至 0.5 mL/min，流速变化以 0.1 mL/min 为增量，待反压稳定后再继续增加流速，按检测方法平衡至少 1 h。

2. 使用氨基柱

（1）仪器参数设置。流动相流速设为 1.0 mL/min，柱箱温度为 40 ℃，检测器温度为 40 ℃。

（2）平衡色谱柱。泵流速以 0.1 mL/min 为增量，反压稳定后再继续增加流速，逐渐增至 1.0 mL/min，按检测方法平衡至稳定。

（五）标准曲线制作

将各糖组分的梯度标准溶液依次按上述色谱条件上机测定，得到色谱图峰面积，以峰面积为纵坐标，以标准溶液的浓度为横坐标，得到各糖组分的标准曲线。

（六）样品检测

待基线稳定后，吸取 10 μL 待测液上机检测。

五、结果计算

以各糖组分浓度为横坐标，峰面积为纵坐标，制作各糖组分的标准曲线。根据检测样品各组分的峰面积即可以得到样品中各糖组分的含量 c。作物样品中单个糖组分的含量可以表达如下：

$$x(\%) = \frac{(c-c_0) \times V}{m \times 1\,000} \times 100$$

式中：x——作物样品中某种糖组分的含量（%）；

c——待测液中某糖组分的含量（mg/mL）；

c_0——空白液中某糖组分的含量（mg/mL）；

V——样液定容体积（mL）；

m——称取的样品质量（g）；

1 000、100——换算系数。

六、注意事项

1. 要保持装流动相的容器干净、有盖、且新鲜，流动相需每 24 h 重新配制。
2. 样品测试完成，色谱柱要用堵头堵住，防止挥发至干，通常放在冰箱中 5 ℃保存，防止微生物的滋生。

七、思考题

1. 作物中的不同糖组分在作物生长过程中有何作用？
2. 使用专用糖柱时，为什么流动相中要加入 EDTA -钙盐？
3. 为什么样品提取时，提取液中要加入乙酸锌溶液和亚铁氰化钾溶液？

八、参考文献

高吉刚，付蕾，2008. 有机化学［M］. 北京：科学出版社.

李慧敏，梁永书，南文斌，等，2015. 糖调控植物根系生长发育的研究进展［J］. 中国农学通报，31(14)：108 - 113.

第八节 作物中脂肪酸组分的快速检测

——气相色谱仪

作物脂肪酸组成是评价作物脂类品质的重要指标，其种类很多，是各种饱和脂肪酸、不饱和脂肪酸、必需脂肪酸、磷脂、三脂酰苷油等的主要组成物质，因此对人体也是非常重要的。脂肪酸的功效与作用主要是补给人体吸收，构成人体需要的各种饱和脂肪酸、不饱和脂肪酸等物质，从而满足人体对单、多元脂肪酸的需求，保证新陈代谢的正常进行。

在大田作物中，小麦籽粒中脂类约占 3％，其中约 25％～30％是在胚中，22％～33％在糊粉层中，4％在外果皮中，其余的 40％～50％在淀粉性胚乳中。小麦胚所含的脂肪中约 80％为不饱和脂肪酸，其中亚油酸含量约占 50％以上。亚油酸是人体不可缺少的必需脂肪酸，对调节人体内电解质平衡、调节血压、降低胆固醇、预防心脑血管病具有重要作用。

大豆脂肪含量在 20％左右，是作物中最主要的油料作物。大豆品质在很大程度上取决于籽粒性状的综合表现和种子中各脂肪酸组分间含量比例的协调。花生油脂品质包括营养成分和耐储藏特性两个方面。花生品种的油酸/亚油酸比值（简称 O/L 比值）是花生及其制品耐储藏性的重要指标，O/L 比值越高，花生及其制品耐储藏性越好，货架寿命越长。从花生油脂对人体的营养角度看，亚油酸是人体必需脂肪酸，亚油酸含量越高则营养价值越高。

由于脂肪酸具有挥发性，其甲酯化后挥发性更强，因此适合用气相色谱仪或气质联用仪两种方法进行检测。

一、实验目的

掌握用气相色谱仪快速检测作物中脂肪酸组分的技术，为采取适当的田间农艺措施，提高作物品质的研究提供有效手段。

二、实验原理

气相色谱仪以高纯氮气作为流动相，色谱柱采用聚乙二醇作固定相。注入的样品在进样口的高温作用下，被迅速气化，气化后的脂肪酸组分被载气带入色谱柱中向前运动。由于不同组分在色谱柱中的气固相间的分配系数不同，各组分就在其中进行反复多次吸附-解吸附-释放的过程；又由于聚乙二醇对各脂肪酸组分的吸附能力不一样，各组分在色谱柱中的运动速度各不相同；在一定的柱长和温度条件下，各组分就能达到完全分离。

分离后的各组分进入氢火焰离子化检测器，在以氢气和氧气燃烧的火焰高温下产生化学电离，电离产生比基流高几个数量级的离子，在高压电场的定向作用下，形成离子流，微弱的离子流（10^{-12} A～10^{-8} A）经过高阻（10^6 Ω～10^{11} Ω）放大，成为与进入火焰的有机化合物量成正比的电信号，根据信号的大小对各组分进行定量分析。

三、仪器与试剂

（一）主要仪器

气相色谱仪（配有氢火焰离子化检测器）；氢气发生器；空气发生器；毛细管色谱柱（DB-FFAP，柱长 30 m，内膜厚度 0.25 μm，内径 0.25 mm，温度范围 40 ℃～250 ℃）；水浴锅；10 mL 磨口玻璃试管；离心管。

（二）试剂

氢氧化钾、甲醇、石油醚、苯、无水硫酸钠和高纯氮气。

四、实验步骤

（一）样品的制备

样品选取干净的种子按四分法取样，放入 80 ℃烘箱中烘至恒重，粉碎后过 40 目筛。称取一定量的样品（含油量高的大豆、花生等 0.2 g，含油量低的小麦、玉米等 1 g）置于 10 mL 磨口玻璃试管底部，加入萃取剂（石油醚：苯＝1：1）约 2 mL，加塞密闭浸泡过夜或水浴（100 ℃）提取 10 min，再加入与萃取剂等量的氢氧化钾-甲醇溶液（每 100 mL 甲醇中含 2.24 g 氢氧化钾），振动 5 min，在室温下保持 10 min，然后加水至 10 mL。待静止分层后，取上清液于离心管中，加入少量的无水硫酸钠，取上清液做色谱分析。

（二）仪器准备与测试

1. 仪器准备

（1）色谱柱的安装。色谱柱两端切口要平齐，长时间不用或新的毛细柱两头要切掉 2 cm 左右，再分别接入进样口、检测器。

（2）气体准备。打开高纯氮气，出口压力调至 0.7 MPa；打开空气发生器、氢气发生器开关。

（3）参数设置。氢气流量 40 mL/min，空气流量 400 mL/min，尾吹氮气 30 mL/min。进样口温度 250 ℃；检测器温度 250 ℃；柱箱温度初始设为 190 ℃，然后以 5 ℃/min 的速度升至 230 ℃，保持 9 min。进样量 1 μL，柱流量 1 mL/min，分流比 20，采用线速率控制。

（4）仪器平衡。将设置好的参数下载到主机上，待检测器温度升高到 160 ℃

以上时，点火，查看基线，进行斜率测试，当斜率达到 2 000 以下方可测定。

2. 样品测定

（1）编辑批处理表。表中输入样品瓶号、样品名称、样品类型、方法文件名、数据文件名、稀释因子等，保存批处理文件。

（2）运行样品。当仪器显示准备就绪待机时，点击进样即开始检测。

五、结果计算

由于仪器的差异，测得的脂肪酸各组分的保留时间略有不同，大致保留时间见表 1-3。

表 1-3 脂肪酸组分保留时间

名称	出峰时间（min）	名称	出峰时间（min）
棕榈酸	4.134	花生酸	7.844
硬脂酸	5.759	花生烯酸	8.116
油酸	6.011	山嵛酸	10.625
亚油酸	6.493	二十四烷酸	14.968

采用面积归一法计算脂肪酸各组分的相对含量，具体是以色谱图上所有组分的峰面积之和为 100%，单个脂肪酸甲酯的含量可以表达如下：

$$C_i = \frac{A_i \times 100\%}{\sum A_i}$$

式中：A_i——某脂肪酸甲酯的峰面积；

$\sum A_i$——色谱图上所有峰面积总和。

六、注意事项

1. 一定要保证实验室有良好的通风，经常检查系统气路的密闭性，尤其是防止氢气泄漏，如果空气中氢气含量在 4%～10% 时，就有爆炸的危险。

2. 取上清液时一定不要吸入水，否则会破坏色谱柱结构。

七、思考题

1. 作物中的脂肪酸各组分的含量对评定营养价值有何意义？

2. 安装色谱柱时，为什么要将色谱柱两端切平，而长时间不用或新的毛细柱两头要切掉 2 cm？

八、参考文献

刘小梦，张小华，张义荣，等，2013. 不同小麦品种籽粒中脂肪酸组分含量及其相关性研究 ［J］. 麦类作物学报，33(3)：578-583.

万勇善，谭忠，范晖，等，2002. 花生脂肪酸组分的遗传效应研究［J］.中国油料作物学报，24(1)：26-28.

第九节　作物中 37 种脂肪酸组分的快速测定
——三重四极杆气质联用仪

一、实验目的

掌握用三重四极杆气质联用仪快速检测作物籽粒中 37 种脂肪酸组分的技术，为采取适当的田间农艺措施，提高作物品质的研究提供有效手段。

二、实验原理

三重四极杆气质联用仪以高纯氦气作为流动相，色谱柱采用聚二氰丙基硅氧烷作固定相。注入的样品在进样口的高温作用下，被迅速气化，气化后的脂肪酸组分首先进入气化室，然后在载气的传送作用下进入色谱柱，不同组分在色谱柱中被分离，最后依次流出色谱柱，进入质谱检测器。组分离子在质谱仪中沿电极间轴向进入电场，在极性相反的电极间振荡，只有质荷比在某个范围的离子才能通过四极杆，到达检测器，其余离子因振幅过大与电极碰撞，放电中和后被抽走，通过改变电压或频率，可使不同质荷比的离子依次到达检测器，被分离检测，得到其含量。

三、仪器与试剂

(一) 主要仪器

以日本岛津公司生产的 GCMS-TQ8040 型三重四极杆气质联用仪为例。

三重四极杆气质联用仪主要包括两个部分，气相部分和质谱部分，其中气相部分用于分离样品组分，质谱部分作为检测器，对各组分进行检测。

气相色谱适用于分析沸点较低（300 ℃以下），热稳定性好的中小分子化合物，气相色谱一般是选定一种载气，载气只起着运载样品分子的作用，样品被注入进样口中瞬间气化并被载气带入色谱柱中分离，各组分依次流出色谱柱进入检测器，检测器将浓度信号转变成电信号，最后经数据处理系统得到色谱图信息，如图 1-9。在分离中，可通过改变色谱柱（固定相）以及操作参数（如柱温和载气流速等）来优化分离。

三重四极杆气质联用仪的检测器为三重四极杆质谱仪，主要由离子源、透镜系统、三重四极杆质量分析器、检测器及真空排气系统组成，见图 1-10。气相色谱分离的样品进入质谱仪，离子源使样品分子离子化，透镜系统使离子碎片高效率地到达四极杆质量分析器，最后到达检测器进行检测。真空排气系统用于抽真空，使整个质谱仪处于高真空状态。三重四极杆质量分析器主要包括三个部分，第一部分和第三部分为四极杆质量分析器，中间为碰撞池。三重四极杆质量分析器的多种扫描方式都是由第一个和第三个质量分析器在不同操作下协同完成的，在通常的分析过程中，第一

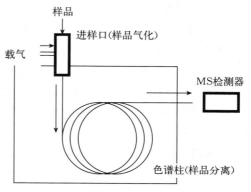

图 1-9 气相色谱构造

个四极杆（Q1）根据设定的质荷比范围扫描和选择所需的离子，中间为碰撞池，用于聚焦和传送离子，在所选择离子的飞行途中，引入碰撞气体，第三个四极杆（Q3）用于分析在碰撞池中产生的碎片离子，即 Q1 从离子源中选择所要测定的离子，在碰撞池中发生的解离反应的产物由 Q3 分析。

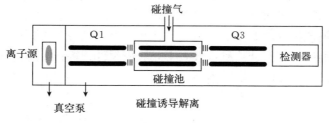

图 1-10 三重四极杆质谱仪构造

（二）其他仪器及用具

水浴锅、离心机、毛细管色谱柱（SH-Rt-2560，柱长 100 m，内膜厚度 0.20 μm，内径 0.25 mm，温度范围 -20 ℃～250 ℃）、15 mL 带塞玻璃管、50 mL 离心管、0.22 μm 微孔滤膜和样品瓶。

（三）主要试剂

正己烷、乙酰氯、甲醇、碳酸钠、高纯氦气（99.999%）、脂肪酸甲酯标准样品和十一碳酸甘油三酯。

四、实验步骤

（一）测试样品的准备

1. 脂肪酸的提取 将脱壳的籽粒研磨至粉碎，准确称取 50 mg 置于15 mL

干燥的带塞玻璃管中，加入 3 mL 正己烷和 3 mL 的 10% 乙酰氯甲醇溶液（0.01% BHT），旋紧螺旋盖。振荡混合后于 80 ℃±1 ℃水浴中放置 2 h，期间每隔 20 min 取出振荡 1 次，水浴后取出冷却至室温。将处理后的样液转移至 50 mL 离心管中，用 3 mL 碳酸钠溶液清洗玻璃管 2 次，合并碳酸钠溶液于 50 mL 离心管中，混匀。4 000 r/min 离心 10 min，小心吸取上清液作为试液，用 0.22 μm 的滤膜过滤后加入进样瓶中，拧紧瓶盖，−20 ℃保存，等待GC‐MS分析。

2. 标准品的制备　分别将 37 种脂肪酸甲酯混标的标准溶液按 5 mg/L、10 mg/L、50 mg/L、100 mg/L、200 mg/L、500 mg/L 和 1 000 mg/L 浓度进行配制，内标物采用十一碳酸甘油三酯（$C_{36}H_{68}O_6$，CAS 号：13552‐80‐2），用正己烷配制梯度标样，建立标准曲线。

（二）仪器准备与测试

1. 仪器准备

（1）色谱柱的安装。色谱柱两端切口要平齐，长时间不用或新的毛细管柱两头要切掉 2 cm 左右，再分别接入气相色谱仪和质谱检测器。

（2）GCMS 仪器准备。打开氦气瓶，将分压表调到 0.5 MPa～0.9 MPa 之间，打开气相色谱仪电源开关、质谱仪电源开关、AOC 电源开关，待仪器自检完毕嘀声响后，打开计算机；双击实时分析软件，进行系统配置。

（3）启动真空控制。抽真空至真空度小于 $1.5×10^{-3}$ Pa，大约 2 h，进行检漏和调谐。

（4）色谱参数设置。载气为高纯氦气，线速度控制流量，柱流量为 1 mL/min，分流比为 50∶1；柱箱温度采用程序升温设置，柱初温 100 ℃，保持 5 min，以 2 ℃/min 的升温速率上升到 200 ℃，保持 40 min；进样口温度设为 270 ℃。

（5）质谱参数设置。EI 离子源，离子源温度为 230 ℃，接口温度为 250 ℃，溶剂延迟时间 15.5 min，质量扫描范围 m/z 为 40～500，扫描周期为 0.3 s/次。各种脂肪酸甲酯的参考出峰时间及质荷比见表 1‐4。

表 1‐4　各种脂肪酸甲酯的参考出峰时间及质荷比

脂肪酸甲酯	出峰时间(min)	质荷比	脂肪酸甲酯	出峰时间(min)	质荷比	脂肪酸甲酯	出峰时间(min)	质荷比
C4：0	15.77	74.00＞43.00	C17：0	46.02	241.00＞101.10	C20：3 N6	53.505	222.00＞148.10
C6：0	21.195	87.00＞55.00	C17：1	47.255	282.30＞141.10	C22：0	54.395	311.00＞101.10
C8：0	26.96	127.00＞57.00	C18：0	47.61	255.00＞101.10	C20：3 N3	54.615	320.30＞121.10
C10：0	32.165	143.00＞101.10	C18：1 N9T	48.35	296.30＞141.10	C20：4 N6	55.005	203.00＞133.10

（续）

脂肪酸甲酯	出峰时间（min）	质荷比	脂肪酸甲酯	出峰时间（min）	质荷比	脂肪酸甲酯	出峰时间（min）	质荷比
C11：0	34.52	157.00>101.10	C18：1 N9C	48.68	296.30>141.10	C22：1 N9	55.03	320.00>291.30
C12：0	36.73	183.00>109.10	C18：2 N6T	49.48	294.30>178.10	C23：0	55.365	325.00>101.10
C13：0	38.805	197.00>109.10	C18：2 N6C	50.205	294.30>178.10	C22：2	56.315	350.30>318.30
C14：0	40.76	199.00>101.10	C18：3 N6	50.585	194.00>120.10	C20：5 N3	56.605	175.00>133.10
C14：1	42.345	208.00>111.10	C20：0	51.35	283.00>101.10	C24：0	57.48	339.00>101.10
C15：0	42.60	213.00>101.10	C18：3 N3	51.625	292.20>135.10	C24：1	57.885	380.40>141.10
C15：1	44.165	222.00>111.10	C20：1	51.96	292.30>111.10	C22：6 N3	62.895	159.00>117.10
C16：0	44.36	227.00>101.10	C21：0	52.03	297.00>101.10			
C16：1	45.63	236.00>111.10	C20：2	53.19	322.30>290.30			

2. 样品测试

（1）编辑批处理表。表中输入样品瓶号、样品名称、样品类型、方法文件名、数据文件名、稀释因子等，保存批处理文件。

（2）运行样品。当仪器显示准备就绪待机时，点击进样即开始检测。

五、结果计算

1. 建立质谱处理表　在定性功能栏中打开一个标准的数据，设置好积分参数（斜率、半峰宽和最小峰面积），在总离子流色谱图（TIC）图中得到单个目标峰扣除背景的质谱图，通过数据库，进行相似度检索，得到该峰代表的有可能的化合物，并通过特征离子确定化合物。

2. 创建组分表　在创建组分表中选择建立的质谱处理表，填写校准点数及标准的实际浓度，保存组分表，并对组分表命名。

3. 校准曲线的完善　在校准曲线功能中打开保存的组分表，切换到数据一栏，按住鼠标左键将已测得的标准品的数据拖到对应的浓度级别，建立完成标准曲线。

4. 定量　在定量功能中双击打开未知样品的数据，加载标准曲线方法，可查看结果。

六、注意事项

1. 当仪器重启真空、连续抽真空一周、离子源温度变化、灯丝改变的情况下，必须做调谐。

2. 进样量要小于 2 μL，以免样品溢出。

3. 分析较脏样品时，要增强衬管和石英棉检查的频度。

4. 当日样品测完，不必关机，选择节能模式，则载气流速降低，柱温和进样口温度降低。

七、思考题

1. 三重四极杆气质联用仪检测原理是什么？

2. 为什么选择十一碳酸甘油三酯作为测试脂肪酸的内标物？

八、参考文献

费立伟，2020. 晚播对冬小麦灌浆后期高温胁迫下光合能力和产量的影响 [D]. 泰安：山东农业大学.

孙翠霞，张正尧，鹿尘，2019. 气相色谱-质谱法测定食品中的 37 种脂肪酸含量 [J]. 中国卫生检验杂志，29(3)：275-277.

第十节　作物中 17 种蛋白水解氨基酸含量的测定
——氨基酸分析仪

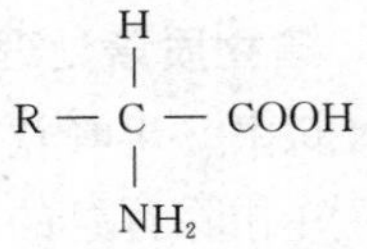

氨基酸是构成动物营养所需蛋白质的基本物质，是同时含有氨基和羧基有机化合物的总称，也是蛋白水解的最终产物，其中组成蛋白质的氨基酸大部分为 α-氨基酸，氨基连在碳链的 α 碳上，其结构通式如图 1-11 所示。生物体生长发

$$H$$
$$|$$
$$R - C - COOH$$
$$|$$
$$NH_2$$

图 1-11　氨基酸结构通式

育对蛋白质的需要实际上是对氨基酸的需要。生物体内由基因决定的氨基酸有 20 种，这 20 种氨基酸对蛋白质合成都是必需的，被称为基本氨基酸。

根据是否能在人体或单胃动物内合成分为必需氨基酸和非必需氨基酸两类。必需氨基酸是人体或单胃动物不能合成的，必须由食物提供的氨基酸，包括赖氨酸、蛋氨酸、亮氨酸、异亮氨酸、苯丙氨酸、色氨酸、苏氨酸和缬氨酸共 8 种。非必需氨基酸是指单胃动物能够合成的氨基酸，如谷氨酸和脯氨酸等。凡是含有全部必需氨基酸的蛋白质在营养学上称为完全蛋白质，缺乏某种必需氨基酸的蛋白质称为不完全蛋白质或半完全蛋白质。小麦、水稻、玉米、大豆等植物蛋白都含有全部必需氨基酸，这些作物的蛋白质是完全蛋白质。

氨基酸在人体内通过代谢可以发挥下列一些作用：一是合成组织蛋白质；二是变成酸、激素、抗体、肌酸等含氮物质；三是转变为碳水化合物和脂肪；另外还可以氧化成二氧化碳和水及尿素，产生能量。

因此，氨基酸的分析测定对研究作物的氮素营养及氮代谢状况，探讨蛋白质的生物合成及诊断氨基酸缺乏症都有十分重要的意义。

一、实验目的

掌握氨基酸分析仪测试原理及使用该仪器进行作物蛋白水解氨基酸含量的测定技术，测试不同栽培条件、不同作物品种氨基酸的含量，指导作物育种和农业生产。

二、实验原理

作物籽粒中的氨基酸在酸水解后，在低 pH 的条件下都带有正电荷，均能被吸附在阳离子交换树脂上，且不同氨基酸的吸附能力不同。利用这一特性，按照氨基酸分析仪设定的洗脱程序，用不同离子强度、pH 的缓冲液将不同吸附力的氨基酸依次洗脱下来。洗脱下来的氨基酸逐个与茚三酮试剂在高温反应器中进行衍生反应，生成可在分光光度计中 570 nm 和 440 nm 波长下检测到的蓝紫色物质，根据吸收峰的保留时间、峰面积进行外标定量分析。

三、仪器与试剂

L-8900 氨基酸自动分析仪，电子天平（精确至 0.1 mg），实验室用粉碎机，水解管，氮吹仪，真空干燥箱或旋转蒸发仪，电热恒温干燥箱。

茚三酮反应液及缓冲液（日本原装进口），17 种蛋白水解氨基酸标准母液（经国家认证并授予标准物质证书的标准储备液），12 mol/L 浓盐酸（优级纯），氨基酸标准溶液（标准品母液 40 μL＋960 μL 0.02 mol/L HCl），0.02 mol/L HCl（1 mL 12 mol/L 优级纯浓 HCl＋599 mL 去离子水），6 mol/L HCl（12 mol/L 优级纯浓 HCl，稀释 1 倍），氮气（纯度 99.999%）。

四、氨基酸自动分析仪构造

以日本日立公司 L-8900 型氨基酸自动分析仪为例，主要由输液泵系统、自动取样器、离子交换柱、反应柱、检测器、柱温箱、氮气保护装置、缓冲溶液和反应溶液及数据记录和处理系统组成（图 1-12），内部构造如图 1-13 所示。

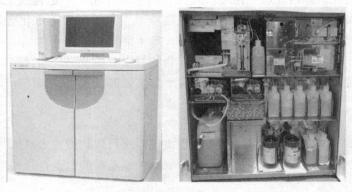

图 1-12　L-8900 型全自动氨基酸分析仪

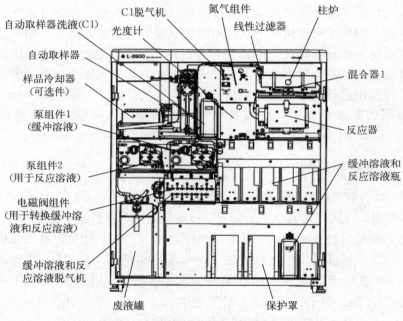

图 1-13　氨基酸分析仪内部构造名称

（一）输液泵系统

输液泵系统采用的是微量型串联式双柱塞往复泵（图 1-14），此种泵采用了高速反馈实时控制技术，最大优点是脉动小，噪音低，可以保证所供液体流量恒定，流速稳定，压力范围 0 MPa～29.9 MPa，流量范围 0.000 mL/min～0.999 mL/min，增量 0.001 mL/min。

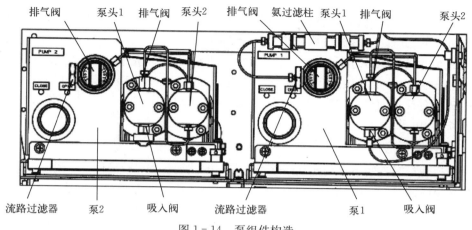

图 1-14 泵组件构造

（二）自动取样器

自动进样器采用直接进样方式，进样准确，交叉污染小，不易造成上机前样品溶液浓度变化，同时使得进样时进样阀产生的脉动降低，因此进样后 5 min 内出峰的样品分离得到改善，定量更准确。进样盘中进样瓶的数量是 200 个，可选配带制冷装置，进样瓶容积是 1 500 μL，进样量范围为 0.1 μL~100 μL，进样量一般是 20 μL（图 1-15）。

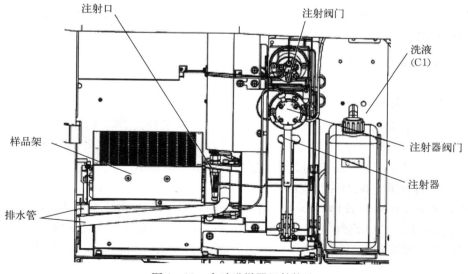

图 1-15 自动进样器组件构造

（三）离子交换柱

离子交换柱又称分离柱、色谱柱，是氨基酸分析仪的中心部件，是氨基酸分析仪的心脏。氨基酸分析仪依靠离子交换柱把具有共性而又有差别的各种氨基酸分离后分别进行定量。分离柱分两种：一种是标准氨基酸分析柱（HAA），一种是专做生理体液中氨基酸的分离柱（FAA）。分离柱精细但易堵塞，对样品前处理要求较高，尺寸是 4.6 mm ID* ×60 mm，内部填充的是直径 3 μm 的日立专用离子交换树脂。

（四）反应柱

反应柱是洗脱下来的氨基酸逐个与茚三酮试剂在 135 ℃最佳反应温度下进行衍生反应的场所，内部填充材料为 3 μm 的金刚砂惰性小颗粒，尺寸是 4.6 mm ID×40 mm。通过在反应柱中填充的小颗粒，流动相移动平缓，流动均匀，无样品带加宽现象，不会产生峰重叠现象，大大提高了比表面积，使氨基酸的衍生反应更彻底，从而保证样品在高灵敏度、高速分析过程中很好地分离。

（五）检测器

检测器中的可见光度计是单色器，具有消相差凹面衍射光栅，波长 570 nm 和 440 nm（脯氨酸）。柱温箱的加温方式是半导体制冷加热，温度设定范围是 20 ℃～85 ℃（增量 1 ℃），一般配有断电和散热器过热保护装置。

（六）氮气保护装置

氮气保护装置主要功能是对缓冲液进行隔离，对反应液进行保护，可防止氧化延长反应液的使用时间，以及避免由于氧气进入缓冲液影响个别氨基酸的分析结果。

五、实验步骤

（一）样品前处理

1. 试样制备　取有代表性的样品，如果含水量较大需将样品放在 60 ℃～65 ℃恒温干燥箱中，干燥 8 h 左右冷却后在粉碎机中碾碎，全部通过孔径 0.25 mm 的筛子，充分混匀后装入磨口瓶或纸袋中备用。

2. 酸水解　准确称取适量的干燥的已知水分含量的粉末状样品于水解管中，加入 6 mol/L 盐酸 10 mL，将水解管放入−18 ℃冰箱中冷冻 15 min～20 min，然后充入高纯氮气 2 min（或者抽真空），在充氮气状态下封口，将已封口的水解管放在 110 ℃±1 ℃的恒温干燥箱内，水解 22 h～24 h 后，取出冷却。

---

　* 色谱柱内直径。下同。

打开水解管，将水解液过滤后全部转移到 50 mL 容量瓶内并用去离子水定容。取 1 mL 放入 2 mL 离心管中，利用真空干燥箱或旋转蒸发仪赶酸干燥至干，再加入 1 mL 去离子水后再干燥至干，再加入 1 mL 0.02 mol/L 盐酸进行溶解，然后用 0.22 μm 滤膜过滤后上机测定。

（二）色谱柱及色谱条件

色谱柱规格：4.6 mm×60 mm，填料为 3 μm 磺酸型阳离子树脂分离柱。泵 1 流速（缓冲溶液）0.40 mL/min，泵 2 流速（茚三酮）0.35 mL/min。分离柱柱温 57 ℃，反应柱柱温 135 ℃。检测波长：第一通道 570 nm，第二通道 440 nm。进样量 20 μL，每个样品分析时间约 53 min。

（三）L–8900 氨基酸自动分析仪的基本操作

1. 开机连接 打开 L–8900 仪器电源开关，打开电脑软件，双击桌面图标 "Agilent open LAB"，点击右上方 "启动" 图标进入操作界面，选择菜单栏 "控制"，选择 "仪器状态"，点击 System 下的 "Connect"，进行仪器与软件的通讯连接。

2. 建立序列 点击工具栏 "仪器向导" 图标，选择 "创建序列"，打开序列向导对话框，逐步设置各项内容。

3. 序列列表设置 序列列表前两行首先插入预热方法和再生方法，"样品瓶" 列可输入除标样和样品位置以外的任何数值；"体积" 列必须为 0；"样品 ID" 和 "文件名" 两列名称必须一致，且名称中不能有特殊符号。

4. 保存序列 编辑完输入序列名称，点击保存，出现对话框，选择之前建立的 Sequence 文件夹，并命名。

5. 序列运行 点击工具栏 "序列运行" 图标，打开对话框，选择结果路径，点击之前建立的 Result 文件夹，并命名结果名称，稍后钨灯变亮，开始运行。

6. 序列运行结束 序列列表第 1 行变为黄色；后续仪器会自动冲洗 1 h，冲洗过程中，System Status 栏显示 Wash，最后仪器自动关泵、关钨灯。

7. 仪器关机 样品测试完毕，点击菜单栏 "控制"，选择 "仪器状态"，点击 "Disconnect"，System Status 项显示 Uninilized 即可关机，切断电脑软件和仪器的通讯后退出软件，关闭仪器和电脑。

8. 离线数据处理 测试完毕进行数据处理，建议重启软件，进行 "离线连接"，等待 2 min，出现谱图信息后，只保留主界面。

（1）主界面，点击 "仪器向导图标"，点击 "创建序列"，对话框内方法一栏选择已建好的方法，勾选 "从现有数据"，点击 "下一步"，点击蓝色

"文件夹"图标，进入保存结果界面，先选择标准品 Cal，点击打开，再次点击蓝色文件夹，选择所有测试样品数据，点击打开，点击完成，进入序列界面。

（2）标准品的级别改为 1，标准品的运动类型勾选"清除所有校正"。

（3）输入乘积因子和稀释因子，标准品均为 1，样品栏输入具体的称样量（mg）、定容体积（mL）及单位换算倍数。

（4）选择"保存序列"，在 Sequence 目录下，对话框命名，保存。

（5）点击菜单栏"序列"，选择"处理"，选择结果路径（Result 文件夹），结果名称命名，开始处理数据，等待 2 min，直至数据记录软件自动处理结束。

（6）结果界面最后一行代表的是每 20 μL 中含有的每种氨基酸含量（单位：ng）。

9. 结果计算

（1）定性分析。采用保留时间定性法。即用包含 17 种氨基酸的标准品分别测出各种氨基酸的保留时间，与样品峰的保留时间相对照，即可进行定性分析。

如果蛋白水解完全，只需 30 min 17 种氨基酸就会全部出峰完毕，出峰顺序依次为天冬氨酸（Asp）、苏氨酸（Thr）、丝氨酸（Ser）、谷氨酸（Glu）、脯氨酸（Pro）、甘氨酸（Gly）、丙氨酸（Ala）、半胱氨酸（Cys）、缬氨酸（Val）、甲硫氨酸（Met）、异亮氨酸（Ile）、亮氨酸（Leu）、酪氨酸（Tyr）、苯丙氨酸（Phe）、赖氨酸（Lys）、组氨酸（His）和精氨酸（Arg）。

（2）定量分析。利用积分强度即峰面积进行定量分析，计算公式：

$$X = \frac{VC}{200\,m}$$

式中：X——氨基酸百分含量（%）；

C——仪器测得的 20 μL 样品中所含氨基酸含量（ng）；

V——样品水解后的稀释定容体积（mL）；

m——样品称样量（mg）；

200——样品含量由 ng/μL 折算成 mg/mL 的单位换算系数。

在上页仪器基本操作"8. 离线数据处理"部分进行结果计算时，需输入乘积因子和稀释因子，式中分子分别输入乘积因子项（其中 C 项数据软件已记录不需再输入），分母分别输入稀释因子项，仪器数据记录软件自动处理测试结果数据，即可得各种氨基酸的百分含量（%）和总氨基酸的百分含量（%）。

六、注意事项

1. 样品前处理时，酸浓度必须是 6 mol/L（液体样品须加浓盐酸 12 mol/L），如果酸水解不彻底或者赶酸不彻底，前 4 个色谱峰分离不开。

2. 添加试剂时原则上棕色瓶液体更换，必须鼓泡；白色瓶液体更换，必须排气。更换氮气钢瓶需要调节压力和鼓泡；仪器长时间停用后开机使用，需排气泡，一般建议先鼓泡后排气。

3. 柱子好坏看色谱峰分离情况，如果分离不好，说明柱效下降，需要重新装填。

4. 测定花生、大豆、高油玉米等的氨基酸含量时，需要先脱脂。

5. 色氨酸在酸性溶液中水解时易被破坏，所以测定色氨酸时必须用碱水解。

七、思考题

1. 测定蛋白水解氨基酸，样品前处理过程中应注意哪些问题？

2. 在操作氨基酸分析仪时，应注意哪些关键问题？

八、参考文献

本方法中仪器使用部分参考日本日立公司提供的《L-8900 型全自动氨基酸分析仪仪器使用说明及操作指南》，样品前处理部分参考国家标准《NY/T 56—1987 谷物籽粒氨基酸测定的前处理方法》进行。

第十一节　作物中赖氨酸含量的测定
——蛋白质分析仪

赖氨酸（Lys），也称为 L-赖氨酸盐，属碱性氨基酸，是人体必需氨基酸之一，是一种不可缺少的营养物质。赖氨酸最重要的生理功能是参与体蛋白的合成。研究表明，在合成体蛋白质的各种氨基酸中，L-赖氨酸是最重要的一种，缺少它，其他氨基酸就受到限制或得不到利用，科学家称它为人体第一必需氨基酸。另外，研究还发现，L-赖氨酸是控制人体生长的重要物质抑长素（Somatotation，ss）中最重要的成分，对人的中枢神经和周围神经系统都起着重要作用。

人体自身不能合成 L-赖氨酸，必须从食物中吸收，以帮助其他营养物质被人体充分吸收和利用。人体只有补充足够的 L-赖氨酸才能提高食物蛋白的吸收和利用，达到均衡营养，促进生长发育。黑麦、玉米、花生粉等所含赖氨酸为限制氨基酸，小麦、芝麻、燕麦等所含赖氨酸为第一限制氨基酸。所以研究检测作物中的赖氨酸含量对于指导作物栽培和辅助培育高赖氨酸品种具有重要意义。

一、实验目的

掌握赖氨酸的测试原理及使用蛋白质分析仪或蛋白质赖氨酸分析仪测定谷物中赖氨酸含量的实验技术，为作物栽培技术和育种提供依据。

二、实验原理

在酸性条件下（pH 为 2.0 左右），蛋白质分子间的碱性氨基酸（赖氨酸、精氨酸和组氨酸）均呈阳离子，可与偶氮磺酸染料酸性橙的磺酸基负离子结合形成不溶性的络合物，所结合染料的摩尔数相当于赖氨酸、精氨酸和组氨酸的总和。赖氨酸的 ε-氨基还可被丙酸酐酰化而形成较稳定的酰胺类化合物，失去了结合染料的能力，所以三种氨基酸与染料反应时，所得染料结合量只有两种氨基酸（精氨酸和组氨酸）之和。根据两次染料结合量之差便可知样品中赖氨酸含量。

三、仪器与试剂

GXDL‐201 型蛋白质分析仪或 GXDL‐202 型蛋白质赖氨酸分析仪；实验室用粉碎机；感量 0.000 1 g 的电子天平；离心机；振荡器；50 mL 具塞试管及刻度试管。

磷酸盐缓冲溶液：称取 3.4 g 磷酸二氢钾（KH_2PO_4）和 20.0 g 草酸（$H_2C_2O_4 \cdot 2H_2O$）混合，加入少量蒸馏水，加热溶解，再加入 1.7 mL 85% 的磷酸（H_3PO_4），冷却后转移至 1 000 mL 容量瓶中，并加入 60 mL 冰醋酸（CH_3COOH）和 1 mL 丙酸（CH_3CH_2COOH），最后用蒸馏水稀释至刻度。

3.89 mmol 酸性橙染料溶液：称取 1.363 g 酸性橙（AcidOrange‐12，缩写 AO12，相对分子质量为 350.37）溶解于热的磷酸盐缓冲液，冷却至室温后转移至 1 000 mL 容量瓶中，最后用缓冲液稀释至刻度。

8% 和 16%（W/V）乙酸钠溶液：分别称取 8 g 和 16 g 无水乙酸钠（CH_3COONa）溶于 100 mL 蒸馏水中。

丙酸酐：化学纯。

四、实验步骤

（一）样品前处理

挑选有代表性的谷物籽粒，将籽粒充分风干或者在 55 ℃～60 ℃烘箱中干燥 6 h～8 h，然后用粉碎机磨粉，要求粉末细度为 90％以上通过 0.25 mm 筛孔，充分混匀，装入磨口瓶中备用。参照表 1-5 称取酰化和不酰化样品各两份，准确到 0.1 mg，分别放入具塞玻璃管内，并做好酰化（A、B 管）和不酰化（C、D 管）标记。同时另称样品测定水分含量。

（二）标准曲线的绘制

用 3.89 mmol/L 酸性橙染料溶液，分别配置浓度为 1.20 mol/L、1.30 mol/L、1.40 mol/L、1.50 mol/L、1.60 mol/L、1.70 mol/L 和 1.80 mol/L 酸性橙染料标准溶液，绘制标准曲线。如果用 GXDL-201 型蛋白质分析仪，需测定染料标准溶液的透光度 T，然后以透光度 T（％）为纵坐标，染料浓度（mol/L）为横坐标，在普通坐标纸上绘制标准曲线；用 GXDL-202 型蛋白质赖氨酸分析仪，测定染料标准溶液的吸光度 A，然后以吸光度 A 为纵坐标，染料浓度（mol/L）为横坐标，在普通坐标纸上绘制标准曲线。

表 1-5 谷物、油料籽粒称样量

样品种类	称样量（g）	
	用于酰化的样品	用于不酰化的样品
谷子	0.9	0.7
普通玉米	0.8	0.6
高赖氨酸玉米	0.7	0.4
麦类	0.5	0.4
水稻	0.7	0.5
高粱	1.0	0.7
花生	0.3	0.2
葵花籽	0.2	0.15

（三）操作步骤

1. 酰化反应　各管分别加入 16％乙酸钠溶液 2.00 mL，再于 A、B 管中加入 0.20 g 丙酸酐，于 C、D 管中加入 0.20 mL 缓冲液。盖紧盖子，置于振荡机上振荡 10 min。

2. 染料结合反应　各管分别加入 3.89 mmol 染料溶液 20.0 mL，盖紧盖子，置于振荡机上振荡 1 h，使染料结合反应达到平衡。

3. 离心　将以上反应液在 3 000 r/min～4 000 r/min 下离心 10 min，取上清液待测。

4. 测定　用与"标准曲线的绘制"相同的方法，测定离心上清液的透

光度 T 或吸光度 A，在相应的标准曲线上查得上清液中剩余染料的浓度
（mol/L）。

（四）结果计算

由测得的透光率 T 值或吸光度 A 值，从标准曲线上查出或用回归方程计算得到相应的剩余染料溶液的浓度（mmol/L），则样品中赖氨酸的含量计算公式为：

$$赖氨酸（\%，干基）=\left[\frac{3.89-1.11\times C_B}{W_B(1-H)}-\frac{3.89-1.11\times C_A}{W_A(1-H)}\right]\times\frac{20}{1\,000}\times\frac{146.2}{1\,000}\times100$$

式中：C_A、C_B——酰化和不酰化样品的剩余染料溶液浓度（mmol/L）；

      W_A、W_B——酰化和不酰化样品的称样量（g）；

      H——样品水分率；

      20——加入染料溶液量（mL）；

      1.11——（20+2+0.2）mL 与 20 mL 体积比；

      3.89——酸性橙染料溶液初始浓度（mol/L）；

      146.2——赖氨酸分子质量（g）。

两个平行样品的测定结果用算术平均数表示，小数点后保留两位，两个平行样品赖氨酸测定值不得大于 0.05%。

五、注意事项

1. 染料结合反应是可逆平衡反应，它受平衡时的染料浓度，即样品称样量的影响。选择的称样量应使平衡时 A、B 管和 C、D 管的染料浓度相近，且使透光度落在标准曲线范围内。

2. 对于籼稻、豆类及油料作物种子等样品，染料结合反应的振荡时间应延长至 2 h。

3. 染料与氨基酸的反应较复杂，该方法具有较高的经验性，操作方法必须标准化，实验条件也应严格一致。

4. 一般谷类样品丙酰化反应和染料结合反应不得低于 10 ℃，水稻样品反应在 18 ℃~34 ℃范围内进行。

六、思考题

1. 利用染料结合赖氨酸（DBL）法测定赖氨酸的实验原理？
2. 除丙酰化时间外，实验中对赖氨酸测定值造成影响的还有哪些因素？

七、参考文献

田继春，2006. 谷物品质测试理论与方法 [M]. 北京：科学出版社.

中华人民共和国农业部，1984.谷物籽粒赖氨酸测定法 染料结合赖氨酸（DBL）法：NY/T 9—1984［S］.

第十二节　作物中色氨酸含量的测定
——分光光度计

色氨酸化学名称为 α-氨基-β-吲哚丙酸，有 L、D 型同分异构体，其中 L-色氨酸是人体的必需氨基酸，也是谷物蛋白中的限制性氨基酸。色氨酸是植物体内生长素生物合成重要的前体物质，其结构与 IAA 相似，在高等植物中普遍存在。

色氨酸作为人体所必需的 8 种氨基酸之一，其来源主要依靠食物供给。L-色氨酸在参与人体蛋白质合成和代谢网络调节，以及增强免疫和消化功能方面发挥着重要的生理作用，因此在人、畜营养上占重要地位。近年来，高色氨酸和高赖氨酸品质育种是国内外农业育种领域中的热点方向，颇受重视。另外，色氨酸被广泛应用于食品、医药和饲料添加领域。因此，测定色氨酸的含量在育种、生物、医学等领域有重要的意义。

一、实验目的

掌握色氨酸的化学特性和测试原理，分析测试色氨酸的操作方法，及时检测作物样品中色氨酸含量，为农业研究提供依据。

二、实验原理

谷物蛋白质碱解后，降解成肽和游离的氨基酸。在酸性介质中，有硝酸盐存在的条件下，色氨酸吲哚环与对二甲氨基苯甲醛反应，生成蓝色化合物，在一定范围内化合物颜色深浅与色氨酸含量成正比，可用分光光度计进行测定。

三、仪器与试剂

实验室用磨粉机；分光光度计；水浴锅或恒温箱；感量 0.001 g 电子天平；三角瓶；容量瓶。

1.25％对二甲氨基苯甲醛盐酸溶液：称取 1.25 g 对二甲氨基苯甲醛，加入 10％HCl 溶液溶解至 100 mL；0.5％碳酸钠溶液：称取 0.5 g 无水硝酸钠，加适量水溶解稀释至 100 mL；浓盐酸（相对密度 1.19）；4％明胶碱溶液：称取 4 g 明胶，加入 25％KOH 溶液 100 mL；L-色氨酸标准溶液：称取 25 mg

L-色氨酸于 25 mL 容量瓶中，加入 20 mL 水，再加入 0.1 mol/L KOH 溶液或 NaOH 溶液 1 mL，最后用乙醇稀释至刻度，即为 1 mg/mL 的色氨酸标准溶液。

四、实验步骤

（一）标准曲线的制作

取 7 个 50 mL 容量瓶，分别加入 2 mL 蒸馏水、0.5 mL 明胶碱溶液，并依次加入 1.25％对二甲氨基苯甲醛盐酸溶液 0.5 mL 和 0.5％硝酸钠溶液 0.5 mL，最后加入 14 mL 浓盐酸。然后，分别加入 0、0.1 mL、0.2 mL、0.3 mL、0.4 mL、0.5 mL 和 0.6 mL 色氨酸标准溶液，其中色氨酸浓度分别为 0、2 μg/mL、4 μg/mL、6 μg/mL、8 μg/mL、10 μg/mL 和 12 μg/mL，摇匀，放于 25 ℃恒温箱中 1 h，使其显色。最后用蒸馏水稀释至 50 mL，摇匀，用分光光度计在 600 nm 波长处测定吸光度。

（二）样品处理

1. 准备 预先将样品干燥，用实验室磨粉机粉碎，要求 95％过 60 目筛，混匀，放入磨口瓶中备用。

2. 水解 称取 100 mg 样品于 100 mL 三角瓶中，加 1 mL 蒸馏水湿润样品，再加 0.5 mL 明胶碱溶液，盖上胶塞，放于 40 ℃的恒温箱中，水解 18 h～20 h。

3. 显色反应 水解结束，每瓶中依次加入 1.25％对二甲氨基苯甲醛盐酸溶液 0.5 mL，加入 0.5％硝酸钠溶液 0.5 mL，最后加入 14 mL 浓盐酸，摇匀，盖上塞子，放于 25 ℃的恒温箱中 1.5 h～2 h，等反应呈现蓝色后加水至 50 mL，摇匀，过滤，滤液收集于干燥洁净的三角瓶中，待测。

（三）样品测试

经处理的干净滤液，用分光光度计于 600 nm 波长处测其吸光度。

（四）结果计算

$$色氨酸含量（\mu g/mg）＝50C/M$$

式中：C——由标准曲线查得的色氨酸样品液浓度（μg/mL）；

M——样品重量（mg）。

五、注意事项

1. 制备的 L-色氨酸标准溶液可放于冰箱 4 ℃保存，一个月内使用有效。

2. 淀粉、蛋白质及油料种子样品中的色氨酸均可采用此方法测定。

六、思考题

1. 采用对二甲氨基苯甲醛法测定色氨酸的实验原理是什么？

七、参考文献

田继春，2006. 谷物品质测试理论与方法［M］. 北京：科学出版社.

中华人民共和国农牧渔业部，1987. 谷物籽粒色氨酸测定法：NY/T 57—1987［S］.

第二章　作物矿质元素的测定技术

作物生长所必需的营养元素，包括碳、氢、氧、氮、磷、钾、钙、镁、硫、铁、硼、锰、铜、锌、钼、氯、镍等。将作物烘干后充分燃烧，作物体内的碳、氢、氧、氮元素会以二氧化碳、水分、分子态氮和氮的氧化物等气体形式散失，而矿质元素则以氧化物的形式存在于灰分中，所以矿质元素也叫做灰分元素，它们主要是由根系从土壤中吸收。

在各种营养元素中，由于作物对氮、磷、钾的需求量大，因而被称为大量元素；钙、镁、硫及铁、硼、锰、铜、锌、钼、氯、镍等，因作物需求量较少，则被分别称为中量元素和微量元素。

从营养元素的作用来看，微量元素与大量元素有所不同。作物中的大量元素主要参与构成作物机体成分，如蛋白质、脂肪、淀粉、木质素、纤维素等，而微量元素主要是在形成上述有机物质的生理生化过程中起到促进或催化的作用。因此，人们也常把大量元素称为结构性物质，把微量元素称为活性物质。

每种矿质元素对作物的生长发育都非常重要，了解作物对矿质元素的吸收和转运规律，可以指导合理施肥，增加作物产量和改善产品品质。

目前对矿质元素的检测方法主要有电感耦合等离子体质谱法、电感耦合等离子体发射光谱法、火焰光度法、分光光度法等方法，由于不同仪器的灵敏度不同，故测定时要根据样品中元素的实际情况选择适合的仪器进行检测。

第一节　作物中总凯氏氮和总凯氏磷的同时测定
——全自动连续流动分析仪

氮、磷两种元素是存在于植物体内的大量元素，也是植物生长发育必不可少的元素，被称为必需元素。这两种元素在植物营养生理上会表现出直接效应，如果植物生长过程中缺乏氮和磷，不但植物生长发育受阻，而且会表现出专一的缺素病症。

氮在植物生命活动中占有重要地位，发挥着重要的生理作用，被称为生命元素。氮是蛋白质、核酸、磷脂的主要组分，也是酶、ATP、多种辅酶和辅基的成分，后者在物质和能量代谢中起重要作用。氮是某些植物激素（如生长素、细胞分裂素）、B 族维生素（如维生素 B_1、维生素 B_2 和维生素 B_6）等的成分，它们对生命活动起调节作用。氮也是叶绿素的成分，与光合作用有着密切关系。缺氮时，有机物合成受阻，造成植株矮小，叶色发黄或发红，分枝（分蘖）少，花少，籽粒不饱满，产量降低。由于氮的移动性较大，老叶中的氮化物分解后可运到幼嫩组织中去重复利用，所以缺氮时老叶先表现病症。氮素过多，植物叶色深绿，枝叶徒长，成熟期延迟；茎秆中机械组织不发达，易造成倒伏和被病虫侵害。

磷在植物的物质代谢中起重要作用，如参与糖类、脂肪及蛋白质的代谢，并能促进糖类的运输。磷是核酸、核蛋白和磷脂的主要成分，也是许多辅酶（如 NAD^+、$NADP^+$）、ATP 和 ADP 的成分。植物细胞液中含有一定量的磷酸盐，构成缓冲体系，对细胞渗透势的维持起一定作用。植物缺磷时表现为植株瘦小，分蘖或分枝减少，叶色呈暗绿或紫红，开花期和成熟期都延迟，产量降低，抗性减弱。磷是可以重复利用的元素，缺磷时老叶先表现病症。如果过施磷肥，植物叶片会产生小焦斑，还会阻碍植物对硅的吸收，引起其他的缺素症状。

一、实验目的

掌握利用连续流动分析仪测定作物全氮、全磷含量的实验原理以及仪器使用操作技术。

二、实验原理

连续流动分析仪（AA3）采用空气片段连续流动分析技术，利用蠕动泵压缩不同内径的弹性管，将样品和试剂按比例吸收到管道系统中，并在泵的作用下向前运行，被空气气泡分隔成均匀的片断，经过化学反应模块，样品和试剂在一个连续流动的系统中均匀混合并发生反应，生成的有色化合物经过比色计时，入射光透过 660 nm 的滤光片，将其吸光度记录下来，最后将比色信号输入电脑，自动完成检测分析过程并得出准确结果。标准样品和未知样品经过同样的处理和同样的环境，通过对吸光度的比较，从而得出准确的结果。

三、仪器与试剂

（一）仪器

全自动连续流动分析仪、小型粉碎机、消煮炉和电子天平（感量 0.1 mg）。

（二）全氮测定所需试剂

1. 缓冲溶液 35.8 g 磷酸氢二钠、32 g 氢氧化钠和 50 g 酒石酸钾钠溶解于 600 mL 水中，稀释至 1 L。混合均匀后加入 2 mL Brij - 35 30% 溶液，注意每周更新。

2. 水杨酸钠溶液　40 g 水杨酸钠溶于 600 mL 蒸馏水，加入 1 g 硝普钠，稀释至 1 000 mL，溶液混匀，每周更新。

3. 次氯酸钠溶液　加 3 mL 次氯酸钠溶液至 60 mL 水中，稀释至 100 mL，混合均匀，每天更新。

4. 进样器清洗液　将 40 mL 硫酸缓慢加入 600 mL 水中，冷却后稀释至 1 L，可长期放置。

(三) 全磷测定所需试剂

1. 钼酸铵　6.2 g 钼酸铵溶解于 700 mL 水中，加入 0.17 g 酒石酸锑钾，稀释至 1 L。混合均匀后储存于棕色瓶中，每周更新。

2. 酸盐　5 g 氯化钠溶于 700 mL 蒸馏水，缓慢加入 12 mL 硫酸。溶液混匀并稀释至 1 L，加入 2 g 十二烷基硫酸钠并混合均匀。溶液只要保持澄清可长时间使用。

3. 酸　将 14 mL 硫酸缓慢加入至 600 mL 水中。冷却至室温后稀释至 1 L。加入 2 g 十二烷基硫酸钠并混合均匀。

4. 抗坏血酸　15 g 抗坏血酸溶于 600 mL 蒸馏水，稀释至 1 000 mL。溶液混匀，储存于棕色瓶中，每周更新。

5. 系统清洗液　使用 2 g/L 的十二烷基硫酸钠进行每日清洗。

(四) 全自动连续流动分析仪构造

德国 Bran Luebbe AA3 型全自动连续流动分析仪采用模块化设计，包括自动取样器、蠕动泵、化学模块、检测器及计算机控制软件系统，各模块均相互独立，便于仪器操作及扩展，仪器系统组成如图 2-1 所示，各模块结构组成如图 2-2 所示。

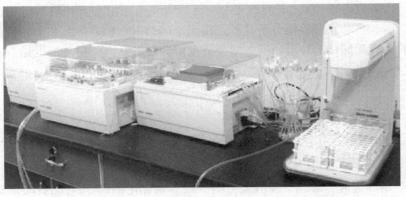

图 2-1　Bran Luebbe AA3 型全自动连续流动分析仪

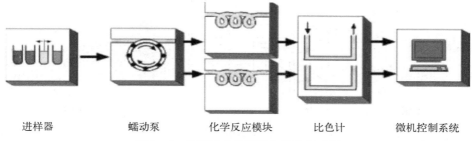

进样器　　　　蠕动泵　　　化学反应模块　　　比色计　　　微机控制系统

图 2-2　连续流动分析仪各模块组成图

1. 自动取样器　自动取样器采用的是三维随机自动进样器，能放置 180 个样品杯，样品杯容量 5 mL 以上，样品进样体积可以调节。

2. 蠕动泵　蠕动泵是一种高精度蠕动泵，带检漏装置，可自动排出漏液、报警并自动停止运行主机。每个蠕动泵的泵管位数大于等于 28 道，泵的运转可通过计算机控制或手工控制，泵速可调，泵管压盖具有自动调紧和放松功能。电子阀控制气泡的加入，保证气泡注入均一、同步，将样品、试剂及空气泡按确定的流量泵入系统中，由于空气阻隔形成的片段流如图 2-3 所示。

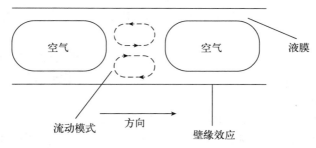

图 2-3　片段流示意图

3. 化学模块　化学模块包含反应需要的全部组成，如混合圈、渗析器、加热池、镉柱等。每个方法的组件安装在一个分析模块上。一个分析盒支持 2 个化学模块。双量程测量实现了高、低浓度可通过不同的进样管进行测量，大大提高了样品的测定范围，使得在测不同浓度样品时更加灵活、方便和精确。

4. 检测器　检测器是双光束检测系统、自动实时空白校正、全密闭系统。24 位高分辨 A/D 转换器，线性范围：0~1.8(Abs)，检测分辨率：0.1 μg/L。波长范围：200 nm~1 050 nm，不需除气泡，灯泡电压可调。不需数据模拟转换卡，USB 接口，内含 2 个比色计。比色计工作示意如图 2-4 所示。

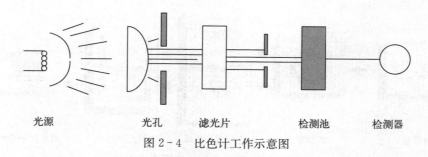

| 光源 | 光孔 | 滤光片 | 检测池 | 检测器 |

图 2-4　比色计工作示意图

5. 控制软件　计算机控制软件采用 AACE 软件，是 Bran＋Luebbe 提供的连续流动程序包，它控制 AA3 模块、程序和开始运行、显示运行图标、报告结果等，实现自动分析过程，自动化程度更高。

四、实验步骤

（一）样品前处理

1. 称取经烘干、粉碎并过筛的 0.200 g 作物植株样品，放入消煮管中，并加入 8 mL 浓硫酸。

2. 将消煮管放入消煮炉（温度设置为 360 ℃），待消煮管中出现硫酸蒸气（20 min～30 min），将消煮管取出稍冷却，加入 1 mL～1.5 mL 过氧化氢溶液，边加边摇。

3. 等待 30 min 后，再次加入 1 mL～1.5 mL 过氧化氢溶液（共加入 3 次），待消煮管中溶液呈清澈透明状，停止消煮，将消煮管从消煮炉中取出，总计时间约 2 h。

4. 将消煮好的溶液转移至 50 mL 容量瓶并定容。

5. 取 10 mL 定容好的消煮液于离心管中储存待测（保留体积依后续实验用量而定）；

6. 稀释，上机检测。

（二）Bran Luebbe AA3 型全自动连续流动分析仪的基本操作

1. 打开电源　打开所有电源，据测试项目更换好滤光片，所有管道都放入去离子水（或者更高级纯净水）中。滤光片 660 nm 时，测全氮、全磷。

2. 联机　打开 AACE 7.06 软件，在主菜单中单击"Charting"进行联机（联机时泵暂时会停止工作）。联机完成后，屏幕会出现通道运行情况（泵继续工作），可点击主菜单"Windows"，选择 Tip，进行窗口重排。如果提示出现联机错误，首先检查线路连接情况。通过主菜单 Configure，打开对话框，点击 USB，选择 802/803，查看型号情况。

3. 设置新方法　先从"设立"下拉菜单点击"分析"，再点击"新分析"，输入相应内容，设置完成。

4. 建立新的运行文件　主菜单"Set up"，选择"Analysis"，选择第 3 步测试项目方法，双击打开，按"Copy run"复制新的运行，出现对话框，共包括 4 个界面：

（1）"Main page"界面，输入基本信息包括文件名、分析速度 50、样品清洗 2、勾选 Statistics、选择通道等。

（2）"Tray protocol"界面，设置托盘协议，Primer（起始杯）、Cal（标曲）、Drift（漂移，次高浓度）、Carryover 和 Baseline（基线）。

（3）"Channel 1"界面，修改标准曲线浓度、勾选基线校正、漂移校正和带过矫正。

（4）"Channel 2"界面，修改标准曲线浓度同"Channel 1"界面。

5. 激发灯能量　在通道中单击右键，选择"Set light power"，左下角出现"Set light power in progress"，稍等后出现灯值"Lamp value：XX"。

6. 调"水基线"　双击 Channel，出现对话框，修改 Gain 值为 10，点击 OK。管道先用系统清洗液清洗，查看气泡，均匀后再走水，稳定后在通道中再次单击右键，选择"Smoothing"，选择"40"，再单击右键，选择单击"Set base"，水基线值自动调至 5%。

7. 调"试剂基线"　水基线平稳后，把管道放入对应的试剂瓶中（测全 N 时，水杨酸钠延后 5 min 放入，拔出时提前 5 min），确定所有试剂已通过"流通池"，等待 15 min，试剂基线稳定后，单击"Set base"。

8. 设增益　主菜单双击进样器"XY2 sampler"图标，出现新界面，杯位置选择最大浓度标样（901），单击"Sample"，样品针开始吸样，保持 2 min，2 min 后点击"Wash"，样品回到清洗处，单击 Cancel，关闭此界面，等待出峰，当峰上升至最高点并保持平稳时单击右键，单击"Set gain"，增益值出现，再次等待基线平稳（下到最低点），单击"Set base"。

9. 设置完增益　再次等待基线平稳，然后点击"Set base"。

10. 点击运行 Run　单击 Run，选择第 4 步设置好的运行文件，运行开始（此时根据"Tray protocol"中托盘协议的设置开始进样）。

11. 运行结束　出现对话框，单击 OK，结束分析。

12. 导出数据　主菜单 File，点击"Export to"，点击 ASCII 码，选择已完成的文件，选择 EXCEL 格式导出。

13. 清洁管路　如果长时间不用，需要冲洗管路。方法：分别用 1 mol/L NaOH 或 HCl 快速冲洗 10 min～15 min，最后用清水冲洗 15 min。建议仪器 1 个月以上不用，末端所有管线离开液体，排空管路液体。

14. 关闭所有电源　一定要取下泵的压盖，放松泵管，把压盖倒扣在泵上。

15. 结果计算

植株全氮（全磷）百分含量：$N(P)\% = \dfrac{BKV}{1\,000m_1} \times 100\%$

植株含氮（磷）量：$N(P)(g) = m_2 \times N(P)\%$

式中：B——仪器软件系统导出数据（mg/L）；

　　　K——上机时的稀释倍数；

　　　V——定容体积（mL）；

　　　m_1——实际称样质量（mg）；

　　　m_2——植株干物质重（g）。

五、注意事项

1. 激发灯能量，不是每次都做。每次换滤光片后，一定要激发灯能量；仪器连续工作 15 d～20 d 后，需要激发灯能量；新方法建立后，灯不亮，必须调灯值。

2. 管路中全氮正常为黄色，全磷正常为无色，如果微蓝，说明试剂不干净，SDS 不干净；另外试剂基线值，全氮一般 7%～8%，精细≤8%，粗放≤10%；全磷一般 13%～15%，精细≤10%，粗放≤15%。

3. 建议每隔 20 个样品添加一个 Baseline（基线），每隔 40 个～60 个，添加一个 Drift（次高浓度杯 902 号，测量全氮 Drift 可加可不加，测量全磷 Drift 建议加）和一个随机中间浓度标样，如 903、904 或 905 杯；其中 Sample ID 栏顺序为：Primer、Drift、Cal、Baseline、样品编号（其中穿插 Drift 和 Baseline）；测全氮不会发生漂移，测全磷，至少放 2 个 Drift，如果发生漂移，最好≤10%。

4. 测试分析结束后，不要立即导出数据，先查看数据峰值。因为原文件不能修改，必须建立一个"重新计算的文件"，再进行数据修改。

5. 运行过程中不要移动数字比色计的盖子，以免偏移的光线影响测量。

6. 检查试剂和水的供应是否充足。

7. 包含片断流的废液管（比如从流通池和透析器流出的废液）应尽可能的短，否则系统压力会变化。

8. 一般操作 200 h 后检查泵管的使用状况（使用强酸或强碱，检查的时间应更短一些），明确是否该更换新的泵管。

9. 不要在泵快速运行时读取试剂吸收的值，因为降低的残留时间会导致反应不完全，造成结果不准确。

10. 如果泵管内有强酸或强碱（2 mol/L 以上），则运行泵时不要使用快速；如果方法中使用了强酸或强碱，应使用正常速度用水润洗，这样可以避免由于连接处松开而喷出腐蚀性液体。

六、思考题

1. 利用 AA3 型全自动连续流动分析仪测试过程中应注意哪些关键步骤及问题？

2. 大量样品测试过程中，为什么每隔几十个样品要添加一个 Baseline（基线）和一个随机中间浓度标样？

七、参考文献

本方法中仪器使用部分参考德国 Bran＋Luebbe 公司提供的《AA3 型全自动连续流动分析仪仪器使用说明及操作指南》。

第二节　土壤中硝态氮和铵态氮含量的同时测定
——全自动连续流动分析仪

氮（N）素是农业生产中最主要的养分限制因子，土壤中氮素含量的高低直接影响作物的生长和产量。土壤中有机物分解生成铵盐，被氧化后变为硝态氮。以硝态氮为主，再加上亚硝态氮、铵态氮和有机态氮总称为总氮或全（态）氮。土壤铵态氮和硝态氮的含量直接影响 NH_3 挥发和 NO_3^- 淋溶。

一、实验目的

掌握利用连续流动分析仪测定土壤中硝态氮、铵态氮含量的原理及测试技术。

二、实验原理

样品中的硝酸盐在碱性环境下，在铜的催化作用下被硫酸肼还原成亚硝酸盐，并与对氨基苯磺酰胺及 NEDD 反应生成粉红色化合物在 550 nm 波长下检测；样品中的铵态氮与水杨酸钠和 DCI 反应生成蓝色化合物在 660 nm 波长下检测。检测器将其吸光度记录下来，最后将比色信号输入电脑，自动完成检测分析过程并得出准确结果。标准样品和未知样品经过同样的处理和同样的环境，通过比较吸光度，从而得出准确的结果。

三、仪器与试剂

(一) 仪器

全自动连续流动分析仪、小型粉碎机、振荡器和电子天平（感量 0.1 mg）。

(二) 所需试剂及配制方法

1. 系统清洗液 将 0.5 mL Brij - 35 30％溶液加入 250 mL 去离子水中。

2. 土壤浸提液 1 mol/L 的 KCl 溶液：将 149 g 氯化钾溶入约 600 mL 去离子水中，稀释至 2 000 mL 混合均匀。

3. 进样器清洗液 即土壤浸提液。

4. 硝态氮测试液的配制

（1）硫酸铜储备液。将 0.1 g 硫酸铜溶入约 60 mL 去离子水中，稀释至 100 mL 并混合均匀。

（2）硫酸锌储备液。将 1 g 硫酸锌溶入约 60 mL 去离子水中，稀释至 100 mL 并混合均匀。

（3）显色剂。将 2 g 磺胺溶入约 120 mL 去离子水中，加入 0.1 g NEDD 并混合均匀，再加入 20 mL 磷酸，稀释至 200 mL，储存于棕色瓶中。每周或试剂吸收超过 0.1 AU 时更换。

（4）氢氧化钠。将 8 g 氢氧化钠溶入约 120 mL 去离子水中，稀释至 200 mL 并加入 0.2 mL Brij - 35 30％溶液。

（5）磷酸。小心地将 3 mL 磷酸加入约 600 mL 去离子水混合均匀，再溶入 4 g 十水二磷酸钠并混合均匀。稀释至 1 000 mL 并加入 1 mL Brij - 35 30％溶液。

（6）硫酸肼。将 2.8 mL 硫酸铜储备液、2 mL 硫酸锌储备液和 1.2 g 硫酸肼加入约 120 mL 去离子水中，稀释至 200 mL 混合均匀。

5. 铵态氮测试液的配制

（1）缓冲溶液。将 40 g 柠檬酸钠溶入约 600 mL 去离子水中，稀释至 1 000 mL，再加入 1 mL Brij - 35 30％溶液，并混合均匀，每周更换。

（2）水杨酸钠溶液。将 40 g 水杨酸钠溶入约 600 mL 去离子水中，加入 1 g 硝普钠，稀释至 1 000 mL 并混合均匀。每周更换。

（3）二氯异氰脲酸钠溶液（DCI）。将 20 g 氢氧化钠和 3 g 二氯异氰脲酸钠溶入约 600 mL 去离子水中，稀释至 1 000 mL 并混合均匀。每周更换。

6. 标准溶液

（1）硝酸盐标准储备液（1 000 mg/L）。将 7.218 g 硝酸钾溶入约 600 mL 去离子水，稀释至 1 000 mL。根据需要配制工作标准液，工作标准液要用样品提取液稀释。

（2）铵标准储备液（1 000 mg/L）。将 4.717 g 硫酸铵溶入约 600 mL 去离子水中，稀释至 1 000 mL。根据需要配制工作标准液，工作标准液要用样品提取液稀释。

四、实验步骤

（一）称取 6 g 土壤鲜样放入三角瓶中，加入 25 mL KCl 提取液，封口，振荡 30 min，静止过滤，待上机检测。

（二）称取 6 g 土壤鲜样，在 105 ℃下烘干约 6 h，至恒重，测烘干前后土壤质量，计算土壤样品中的水分含量。

五、结果计算

土壤硝态氮（铵态氮）含量：

$$NO_3^- - N(NH_4^+ - N)(\mu g/g \pm) = \frac{C \times (25 + m \times H)}{m \times (1 - H)}$$

式中：C——仪器所测提取液的浓度（mg/L）；

H——土壤样品水分含量（%）；

m——土壤样品称取量（g）；

25——加入提取液的体积（mL）。

六、注意事项

1. 水杨酸钠在酸性条件下会产生沉淀。因此，如果酸性条件的化学反应（如磷酸盐）在同一个模块运行，在下一个反应开始泵入试剂前应检查水杨酸钠的管道是否清洗干净。

2. 标准稀释液和进样器清洗液要与样品提取液一致。

七、参考文献

本方法中仪器使用部分参考德国 Bran＋Luebbe 公司提供的《AA3 型全自动连续流动分析仪仪器使用说明及操作指南》。

第三节　作物中铜、铁、锰、锌、硼、钼和硒的同时测定

——电感耦合等离子体质谱仪

一、实验目的

了解等离子体质谱仪的检测原理，掌握微量矿质元素的检测技术，及时检

测作物样品中的矿物质含量，为采取合理的农艺措施提供依据。

二、实验原理

作物样品经消解过滤后，进入电感耦合等离子体质谱仪进行测定，以元素特定质量数（质荷比，m/z）定性，采用内标法，以待测元素质谱信号同内标元素质谱信号的强度比与待测元素的浓度成正比进行定量分析。

三、仪器与试剂

电感耦合等离子体质谱仪（ICP‑MS）、微波消解仪、天平（精确至 0.1 mg）、恒温干燥箱和混合球磨仪；硝酸（优级纯），铜、铁、锰、锌、硼、钼和硒的 1 000 mg/L 标准储备溶液（经国家认证并授予标准物质证书的单元素标准储备液），内标液为锗（贮备液 1 000 mg/L，经国家认证并授予标准物质证书的标准贮备液）；氩气（≥99.995%），氦气（≥99.995%）；超纯水（18.2 MΩ）、调谐液。

（一）电感耦合等离子体质谱仪

1. 仪器构造　仪器主机系统见图 2‑5。

（1）进样系统。包括蠕动泵、雾化器、冷却雾化室和带进样器的矩管，矩管由两个同心石英管组成，其间具有不同的气体流速。通过矩管外套管的气体流（冷却气）可形成等离子体，并保护矩管免受等离子体高温的影响，辅助气体流经内管。

（2）接口。是等离子体中产生的离子从大气压区域转移至真空区域，同时作为离子束引入质谱仪的区域。该接口主要包括采样锥、截取锥和提取透镜。各锥体和提取透镜放置于接口模块中，该接口模块被安装至等离子体矩室门上。由于等离子体具有很

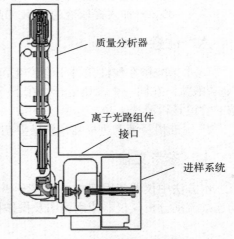

质量分析器

离子光路组件

接口

进样系统

图 2‑5　等离子体的主要构造

高的温度，接口区域需要用水冷却。采样锥和截取锥位于接口的右侧，采样锥将来自等离子体的离子引至接口真空，而截取锥则是将离子引入质谱仪。提取透镜从截取锥的背面聚焦，并加速离子导入到分析仪的中间真空区域。

（3）离子光路组件（离子聚焦）。离子光路组件区域主要包括透镜、碰撞反应池（QCell）和小差分光圈（DA）组件。当从接口提取的离子加速通过（直角正离子偏转）透镜，其中待测离子进入 QCell 前偏转 90°。离开偏转装置

后，离子聚焦在 QCell 的入口处。在 QCell 中，离子束聚焦到一个 DA 板上，将中级真空与高级真空分析仪区域分离。在 DA 板的后面，通过 DA 透镜，离子束再次偏转，清除来自离子束（碰撞池）中残余的气体粒子。

（4）质量分析器。将离子束引入到四极杆质量分析器，根据四级杆所用的 RF 电压和 DC 电压能够过滤掉具有特定质量电荷比的离子。通过四极杆传输的离子最终转移至电子倍增器（SEM），从而被检测出来。

（5）辅助系统

循环水系统：对于等离子体质谱仪的某些部位，例如接口和 RF 发生器的降温必须采用水循环系统进行控制。

真空系统：ICP 源可以在大气压下运行，但是质量分析仪和检测器则需要较高的真空度才能实现最佳性能，这就需要一个机械泵和分流分子涡轮泵。

气源：ICP - MS 使用高纯氩气产生电感耦合等离子体，并通过气动装置帮助控制内部功能。

排气系统：ICP - MS 在运行过程中会产生含有臭氧和其他有害物质的气体，因此需要排气系统将有害气体排到室外。

2. 仪器工作过程　蠕动泵（多滚柱）上有蠕动泵管、内标泵管和排液泵管，蠕动泵管和内标泵管将样品溶液、内标溶液输入雾化器，雾化气将样品溶液吹散成气溶胶进入雾化室，气溶胶颗粒的平均尺寸一般$< 10\ \mu m$。雾化室将过大的气溶胶颗粒或液滴通过排液泵管以废液形式排放，雾化后的气溶胶通过矩管在等离子体中心通道中蒸发、原子化和激发，大多数元素原子化后电离，从原子变为离子，采样锥对离子源进行采样，截取锥将离子引入到真空室，通过离子镜聚焦后进入四极杆质量分析器，具备特定质荷比的离子穿过电场，最终被检测器计数检测出来（图 2 - 6）。

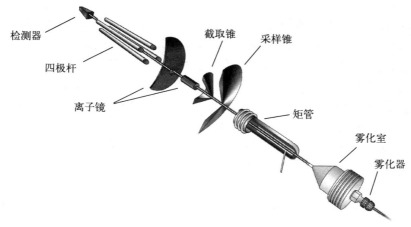

图 2 - 6　ICP - MS 工作流程

（二）微波消解仪

主要包括反应控制系统、温度控制系统、压力控制系统、消解转子和智能赶酸设备等。

1. 反应控制系统　可通过微电脑系统设定多步反应的消解方法，将设定的方法存储在主机内，进行消解时可直接调用。

2. 温度控制系统　有 3 种温度控制模式，最高温度控制模式、最低温度控制模式和平均温度控制模式，以确保各种不同类型样品的完全消解。

3. 红外温度检测系统　双光路红外温度传感器可以从消解管底部真实检测消解罐温度，并显示每套消解管温度数据和曲线，温度范围为 25 ℃（室温）～400 ℃。

4. 压力控制系统　该系统可实现全罐异常压力监控，实时监控所有反应罐的压力，超压则自动调整，停止微波发射并自动报警。屏幕实时显示温度、压力、时间、步骤等参数，并以曲线的方式显示工作过程。

5. 消解转子和反应附件　消解转子可实现每批 48 个样品（50 mL）或 16 个样品（100 mL）的处理，内罐材质为 PTFE‑TFM 复合材料，压力外套管为高性能增强型铝合金超耐压材料，最高耐温 600 ℃。消解罐最高耐压 160 bar，最高耐受温度 330 ℃。每个消解罐都具有多重过压保护装置，过压时采用安全泄压方式，保证消解过程安全和元素不损失。

6. 智能赶酸设备　赶酸设备采用多层特氟隆防腐涂层，防腐蚀，无污染，控温范围为 25 ℃（室温）～200 ℃。

四、实验步骤

（一）样品采集

采集作物的样品是需要洗涤的，否则可能有泥土、肥料或农药等的污染，这对微量营养元素如铁、锰等的分析尤为重要。洗涤的方法一般可用湿布仔细擦净表面沾污物或用水冲干净。洗净的鲜样在 105 ℃鼓风烘箱中烘 15 min～30 min 进行杀青，然后降温至 60 ℃～70 ℃烘干至恒重。干燥的样品用混合球磨仪粉碎，由于要分析铁元素，干燥样品必须在玛瑙研钵上或玛瑙罐中研磨并过 0.25 mm 筛。样品过筛后须充分混匀，保存于磨口的广口瓶中，内外各贴放一张标签，存放于洁净、干燥处。磨样和过筛都必须考虑到样品沾污的可能性，尤其是防止干燥和粉碎过程中仪器对样品的污染，例如在干燥箱中烘干时，防止金属粉末等的污染。样品在粉碎和储存过程中又将吸收一些空气中的水分，所以在称取样品前，样品应在 60 ℃～70 ℃下烘干至恒重，然后再进行分析。

（二）样品处理

样品消解前，消解罐先用1:1硝酸溶液浸泡过夜晾干，用称量纸称取经粉碎和混匀的样品0.100 g（精确至0.001 g），放入反应管的底部，注意不要粘于管口处。加入6 mL硝酸，加入时尽量将贴壁的样品冲洗到底部，让样品和酸充分混合，放置一段时间以释放反应气体。放入反应罐，将消解罐装入到转子内，将转子保护罩放到转子上，顺时针旋转保护罩，放到微波炉腔内。设置消解程序，以10 ℃/min速度升温至130 ℃保持5 min，然后以10 ℃/min的速度升至180 ℃，保持20 min。升压速率：0.3 bar/s，设定红外温度140 ℃，输出功率1 400 W。消解完成并达到安全冷却时停止。将反应罐从转子内取出，排气口对准塑料挡板慢慢旋松（切记不要对着自己，以防受到伤害），酸雾会从排气口冒出。塑料挡板必须放置在装有适量水的烧杯内。将外套管放置到安全位置，轻轻用拇指按下盖帽的边缘，从内管上取下盖子，将内管放到内管架上，用少量水润洗内盖，溶液合并到内管中。反应管中的溶液转移到塑料容量瓶内进行定容，过滤后分析。注意每一批都要做试剂空白。

（三）标准溶液配制

1. 混合标准溶液　吸取一定量的标准储备溶液，用5%的硝酸溶液配成3个~5个浓度梯度的标准溶液，可参考表2-1，供定量测定时使用，具体可根据样品待测液浓度调整浓度范围。

表2-1　混合标准溶液的配制浓度

序号	元素	单位	标准系列质量浓度					
			系列1	系列2	系列3	系列4	系列5	系列6
1	铜	μg/L	0	10.0	50.0	100.0	300.0	500.0
2	铁	μg/L	0	100.0	500.0	1 000	3 000	5 000
3	锰	μg/L	0	10.0	50.0	100.0	300.0	500.0
4	锌	μg/L	0	10.0	50.0	100.0	300.0	500.0
5	硼	μg/L	0	10.0	50.0	100.0	300.0	500.0
6	钼	μg/L	0	0.1	0.5	1.0	3.0	5.0
7	硒	μg/L	0	1.0	5.0	10.0	30.0	50.0

2. 内标液的配制　取一定量的单元素内标储备液，用5%硝酸溶液配制25 μg/L的锗溶液作为内标液。

（四）仪器准备及方法编辑（以ThermoFisher公司的iCAP Q为例）

1. 开机

（1）打开Ar气和He气钢瓶的开关，分压分别调至0.6 MPa和0.1 MPa。

（2）打开排风系统。

（3）打开稳压电源开关，检查电源电压输出是否稳定和零地电压是否小于5 V。

（4）打开仪器左侧主电源开关，此时机械泵也会随之启动，观察主机前面板的 3 个 LED 指示灯，LED 状态 Power 为绿色表示主电源开启，Vacuum 绿色表明分析仪内达到高真空状态，System 蓝色表示系统启动。

（5）打开计算机。

（6）启动仪器控制程序，检查分析室真空度，等到真空达到 $6.0e^{-7}$ Mbar 以下时才能进行后续操作。

2. 实验方法编辑

（1）启动桌面实验方法程序，创建方法，输入样品名称，选择 eQuant 定量，点击"创建"，出现实验方法编辑界面。

（2）在分析物中选择要测试的元素及内标元素。

（3）采集参数中驻留时间设为 0.03 s，通道 3，间隔 0.1 s，测量方式选 Ked。

（4）元素标准按由低到高的顺序分别输入标准样品的浓度值。

（5）定量选择时，内标物元素锗选择"用作内标"，其他元素栏选择内标物锗。

（6）手动进样控制取样时间设为 40 s，清洗时间设为 20 s。

（7）样品列中依次为空白（Blank）、标准品（std）、样品空白（s－k）、样品（s），保存样品列表。

3. 点火

（1）检查 Ar 气、He 气是否足够并且已打开，调谐溶液、高纯水是否准备好。

（2）在仪器控制窗口查看 RF 发生器，风压＞0.4 mbar 即可。

（3）打开水循环开关，循环水温度设为 20 ℃。

（4）装好蠕动泵管，压下泵管夹，启用蠕动泵，旋紧管夹至正常上液。

（5）把进样毛细管插入纯水中，观察废液管排出废液是否正常。

（6）点燃等离子体并完成抽扩散区真空及打开滑阀等一系列动作，最后自动进入工作状态。

（7）将 2 个进样管和内标毛细管均放入调谐溶液中，选择 STD 模式，点击左上角"运行"箭头，观察数据显示界面，如果 Li＞5 万、Co＞10 万、In＞22 万、U＞30 万的信号强度稳定，则仪器正常，如果达不到则进行自动调谐。

（五）样品分析与结果计算

1. 样品分析　当仪器达到稳定，确认内标管已插入内标液中，在运行程序窗口，启动数据采集，根据软件提示进行样品测试。

2. 结果计算

$$x = \frac{(\rho - \rho_0) \times V \times f}{m \times 1\,000}$$

式中：x——试样中待测元素的含量（mg/kg）；

ρ——试样溶液中被测元素质量浓度（μg/L）；

ρ_0——试样空白液中被测元素质量浓度（μg/L）；

V——试样消化液定容体积（mL）；

f——试样稀释倍数；

m——试样称取质量（g）；

$1\,000$——换算系数。

计算结果保留 3 位有效数字。

（六）熄火

1. 确认所有样品已分析完成，进样系统先用 10% 稀硝酸溶液洗 5 min，再用纯水冲洗 5 min 以上方可灭火。灭火后仪器会自动执行关闭滑阀、熄火、冷却矩管等一系列动作并最终回到就绪状态。

2. 待仪器回到就绪状态后，关闭循环水，松开蠕动泵泵管，关闭气体。

（七）关机

1. 确认仪器已在就绪状态，退出操作软件。

2. 关闭仪器左侧主电源开关。

五、注意事项

1. 样品粉碎时一定要用玛瑙研钵，以免造成铁的污染。

2. 观察蠕动泵管，保证废液管出液正常，避免不出液进入矩管造成矩管熔融损坏。

3. 样品分析完成，2 个样品管必须先用 10% 稀硝酸溶液洗 5 min，再用纯水冲洗 5 min 以上，防止管道污染堵塞。

4. 使用后的器皿用一般蒸馏水冲洗 3 次，然后浸没在 1：1 的硝酸溶液中 1 天以上，取出后分别用一般蒸馏水冲洗 5 次以上，高纯水冲洗 3 次，置于无灰尘处自然晾干，容量瓶可装满高纯水存放。

六、思考题

1. 为什么消解罐及使用的器皿要用硝酸溶液浸泡过夜？

2. 测铁元素为什么一定要用玛瑙研钵？

七、参考文献

王忠，2000. 植物生理学 ［M］. 北京：中国农业出版社.

吴云静，黄姗，2018. 微波消解-电感耦合等离子体质谱法同时测定粮食中 6 种元素含量 ［J］. 食品安全质量检测学报，9(5)：1136－1140.

张江义，王小菊，李国敏，2014. 微波消解-电感耦合等离子体质谱法同时测定食品中的主、微量元素 ［J］. 分析化学研究简报，42(11)：1706.

第四节　作物中钾、钠、钙、镁、硫和磷的同时测定
——电感耦合等离子体发射光谱仪

一、实验目的

了解仪器构造及工作原理，掌握用该仪器同时测定多种矿质元素的方法。

二、实验原理

ICP－AES(Inductively Coupled Plasma－Atomic Emission Spectrometry)法是利用电感耦合等离子体（ICP）作为光源的发射光谱分析法，其基本原理是基于不同元素在高频电磁场所形成的高温等离子体中，有良好特征谱线发射，进而实现对不同元素的测定。作物中的无机元素，多数以结合形式存在于有机物中，因而首先需将元素从有机物中分离出来，或者将有机物破坏之后方能测定。根据被测元素的性质，选择适宜的有机物质破坏法，常用的破坏提取元素的方法有灰化法和湿化法，本实验采用湿化法。

三、电感耦合等离子体发射光谱分析法的基础与原理

（一）发射光谱分析法（AES）

发射光谱分析法是当样品受到电能、热能等作用时，将已蒸发、气化样品中的原子激发，利用分光器将激发原子固有的特征谱线分开，利用检测器将这些特征谱线检出，根据特征谱线的有或无及相应的强度，就可以对样品中所含元素进行定性和定量分析。

（二）发射光谱分析的原理

原子是由原子核和围绕原子核以固有的不同轨道运动的电子构成。以任何

方式从外部对这些电子施加能量，吸收能量的轨道电子则会从正常状态跃迁到高能级轨道（E_2），然后电子又以 10^{-8} s～10^{-7} s 这样的短时间，返回到低能级轨道（E_1），这时就会产生能量差 ΔE，并以光的形式释放出来。光的振动频率 v 用下列公式表示：

$$\Delta E = E_2 - E_1 = hv$$

式中：h——布兰克常数。

光的振动频率与波长的关系式如下：

$$\lambda = c/\nu$$

式中：c——光速（3×10^{10} cm/s）。

发射的光通过分光器、棱镜和光栅进行分光。由于原子的结构不同，所以在紫外、红外区域产生谱线的数量也不相等，例如，稀土元素、铀、钍元素可以达数千条，但是碱金属和碱土金属元素只有数十条。根据发射的原子状态，谱线又可以分为原子线（电弧线）和离子线（火花线）。当一种物质发光时，如果在谱线中发现某种元素的原子或者离子谱线，就可以确认物质中存在这种元素，这就是电感耦合等离子体分析仪定性分析的原理。

当物质中所含元素的数量有变化时，此物质的发光谱线的强度也会随着变化。将谱线的强度利用光电法进行检测，根据元素含量与光电法检测电流强度的相互关系，可以得出物质中所含的元素含量，这是定量分析的原理。

（三）ICP 的原理

当高频电流通过电感线圈时，线圈周围空气中就会产生交变磁场 H，这种交变磁场在方向和强度上都是随时间而变化的。在这个时候通入的氩气不能电离，仍然是非导体。矩管内虽然有交变磁场，但是却不能形成等离子体。如果在矩管口打几个火花，可以使少量的氩气电离，产生电子和离子的"种子"，这时交变磁场就立即感应到这些"种子"，使其在相反的方向上加速并在矩管内沿闭合回路流动，形成涡流。这时电子和离子被高频场加速后，在运动中遭受气流的阻挡就会产生热，达到一定的高温，同时会发生电离，出现更多的电子和离子，从而形成等离子火炬。

四、实验过程

（一）工作原理

样品经处理制成待测液后，经由雾化器变成全溶胶由底部导入雾化室内，经轴心的石英管从喷嘴喷入等离子体火炬内。样品气溶胶进入等离子体火焰时，绝大部分会立即分解成为激发态的原子、离子状态。当这些激发态的粒子回到稳定的基态时会释放出一定的能量，即表现为一定波长的光谱，检测每种元素特有的谱线和强度，与标准溶液相比，就可以得到样品中所含元素的种类和含量。

（二）仪器与试剂

电感耦合等离子体发射光谱仪（ICP－AES）、微波消解仪、天平（精确至 0.1 mg）、恒温干燥箱和混合球磨仪；硝酸（优级纯）、钾、钠、钙、镁、硫、磷的标准储备溶液（1 000 mg/L，采用经国家认证并授予标准物质证书的单元素标准储备液），氩气（≥99.995%），氦气（≥99.995%），超纯水（18.2 MΩ）。

（三）实验步骤

1. 样品采集　采集的作物各组织器官样品通常是需要洗涤的，否则可能会有泥土、肥料或农药等的污染，致使测得数据不准确。洗涤方法一般可用湿布仔细擦净表面沾污物或者用水冲干净。洗净的鲜样在 105 ℃ 鼓风烘箱中烘15 min～30 min，然后降温至 60 ℃～70 ℃烘干至恒重。干燥的样品可用混合球磨仪粉碎，并全部过筛。粉碎后分析标本的细度相当重要，至少通过 0.25 mm的筛，并充分混匀后，保存于磨口的广口瓶中，内外各贴放一张标签，置放于洁净、干燥处。磨样和过筛都必须考虑到样品被污染的可能性，尤其是防止干燥和粉碎过程中仪器对样品的污染。样品在粉碎和储存过程中又将吸收一些空气中的水分，所以在称取样品前，样品应在 60 ℃～70 ℃下烘干至恒重，然后再进行分析。

2. 样品处理

（1）消煮炉处理法。消解前，消煮管先用 1∶1 硝酸溶液浸泡过夜晾干，用称量纸称取经粉碎和混匀的样品 0.100 g（精确至 0.001 g），放入反应管的底部，管口不要沾染样品。加入混合酸（$V_{HNO_3}∶V_{HClO_4}=4∶1$）10 mL，摇匀，放置过夜。次日在消煮炉上低温分解，待溶液中棕色烟雾冒尽，提高温度至250 ℃，消解至溶液清亮即取下，冷却后用超纯水定容。每一批要做一个试剂空白。

（2）微波消解处理法。消解前，消解管先用 1∶1 硝酸溶液浸泡过夜晾干，用称量纸称取经粉碎混匀的样品 0.100 g（精确至 0.001 g），放入消解管底部，注意不要粘于密封口处。小心加入 6 mL 硝酸，并尽量将贴壁的样品冲洗到底部，将样品和酸充分混合，静止一段时间用来释放反应气体。将消解管放入消解罐，消解罐装入到转子内，然后将转子的保护罩放到转子上，顺时针旋转保护罩，放到微波炉腔内，底座卡紧。设置消解程序，以 10 ℃/min 速度升温至130 ℃，保持 5 min，然后以 10 ℃/min 的速度升至 180 ℃，保持 20 min。升压速率为 0.3 bar/s，设定红外温度 140 ℃，输出功率 1 400 W。消解完成并至安全冷却时停止。将消解罐从转子内取出后，排气口对准塑料挡板慢慢旋松，千万不要对着自己，因酸雾会从排气口冒出。塑料挡板必须放置在装有适量水的烧杯内。将消解罐放置到安全位置。轻轻用拇指按下盖帽的边缘，将盖子从内管上取下，内管放到内管架上，用少量水润洗内盖，润洗液合并到内管中。消解管中的溶液转移到容量瓶内进行定容，过滤后分析。每一批都要做试剂空白。

3. 混合标准工作溶液制备　吸取一定量的标准储备溶液，用5%的硝酸溶液配成3~5个浓度梯度的标准溶液，可参考表2-2，供定量测定时使用，具体可根据样品待测液浓度调整浓度范围。

表2-2　混合标准工作溶液的配制浓度

序号	元素	标准系列质量浓度（mg/L）					
		系列1	系列2	系列3	系列4	系列5	系列6
1	钠	0	5.0	10.0	20.0	40.0	80.0
2	钾	0	5.0	10.0	20.0	40.0	80.0
3	镁	0	5.0	10.0	20.0	40.0	80.0
4	钙	0	5.0	10.0	20.0	40.0	80.0
5	硫	0	5.0	10.0	20.0	40.0	80.0
6	磷	0	5.0	10.0	20.0	40.0	80.0

4. 仪器操作

（1）打开主机开关，待仪器预热4h后，打开计算机，进入仪器控制软件，依次打开真空泵、冷却水系统、高频发生器开关和排风系统，将氩气分压表调至0.35 MPa。

（2）仪器状态检查、点火和校正。在仪器操作软件主窗口中察看仪器分光室温度、电压和真空度是否处于正常状态。单击点火按钮，点火后用去离子水或空白对仪器进行自动校正，标准偏差小于50，仪器便可以进行正常测试。

（3）分析卡片的建立。在主窗口单击分析选项，建立测试卡片，输入所建卡片名称。在"卡片属性"对话框中，输入操作员名字和日期，选择定量分析方法，填写所测样品及标准样品重复次数和数据模式。

（4）设置分析条件。在测量条件中，设置RF功率为1.2 kW，冷却气14 L/min、等离子气1.2 L/min、载气流速0.7 L/min，样品冲洗时间4 s和积分时间3 s。在元素周期表中选择待分析的元素和最佳波长：钾766.49 nm，钠589.89 nm，钙315.8 nm，镁279.079 nm，硫182.0 nm，磷214.9 nm。

（5）标准样品浓度输入及样品测定。在测试卡片窗口选择标准样品，输入标准样品浓度和浓度单位。在测试样品注册表中填写样品名称后，将吸样管插入待测液中，单击测试开始测定。

5. 结果分析

（1）测试样品数据察看。在分析卡片窗口可看到各样品中各元素的检出浓度值，单击校准曲线，可观察各元素的标准曲线情况。

（2）样品元素含量计算方法。

$$x=\frac{(\rho-\rho_0)\times V\times f}{m}$$

式中：x——试样中待测元素的含量（mg/kg）；

ρ——试样溶液中被测元素质量浓度（mg/L）；

ρ_0——试样空白液中被测元素质量浓度（mg/L）；

V——试样消化液定容体积（mL）；

f——试样稀释倍数；

m——试样称取质量（g）。

五、注意事项

1. 样品上机测试前必须过滤，否则易造成雾化器堵塞，无法测试。

2. 样品测试完成，必须用10%的硝酸溶液冲洗管道5 min，再用超纯水冲洗5 min。

3. 称取样品前必须将样品混匀，使样品具有代表性。

六、思考题

1. 怎样配制合适范围的标准曲线？

2. 为什么配制标准曲线需要用5%的硝酸溶液？

七、参考文献

林起辉，林妮，赵旭，等，2019. 高压密闭消解-电感耦合等离子体发射光谱法测定饲料中钾、钠、钙、镁、铜、铁、锌、锰 [J]. 粮食与饲料工业（2）：56-59.

沈明丽，许丽梅，字肖萌，等，2018. 电感耦合等离子体发射光谱法测定茶叶中的微量元素 [J]. 中国农学通报，34(31)：72-75.

中华人民共和国国家卫生和计划生育委员会，国家食品药品监督管理总局，2016. 食品安全国家标准食品中多元素的测定：GB5009.268—2016 [S].

第五节　作物中全钾含量的测定

——火焰光度计

一、实验原理

作物体内的钾素几乎全部以离子状态存在于作物组织器官中，而不是以有机化合物的形式存在。作物体内钾的含量一般为 $1\%\sim5\%$，样品经 H_2SO_4 - H_2O_2 消解定容后，可直接用火焰光度计进行测定。

火焰光度计主要由喷雾燃烧系统（包括气源、火焰和雾化器）、分光系统及检测系统三部分组成。当待测溶液在泵的作用下吸入喷成雾状，以气-液溶胶形式进入火焰后，溶剂蒸发掉而留下气-固溶胶，气-固溶胶中的固体颗粒在火焰中被熔化、蒸发为气体形态的分子，继续加热就会分解为中性原子（基态），供给处于基态原子以足够的能量，可使基态原子的一个外层电子移到更高的能级（激发态），当这种电子回到低能级时，即有特定波长的光发射出来，成为该元素的特征之一。用 767 nm 的滤光片把元素所发射的特定波长的光从其余辐射谱线中分离出来，直接照射到光电管上，把光能变为光电流，再由检流计量出电流的强度。进行定量分析时，若可燃气体和压缩空气的供给速度、样品溶液的流速、溶液中其他物质的含量等保持一定，则光电流的强度与被测元素的浓度成正比。把测得的强度与一系列标准的强度相比较，就可直接确定待测元素的浓度，从而计算出样品的含钾量。

二、仪器与试剂

火焰光度计、控温消煮炉和消煮管；浓 H_2SO_4、H_2O_2、分析纯 KCl 和去离子水。

三、标准样品配制

1. 100 μg/mL K 标准溶液　准确称取 0.190 7 g 经 110 ℃ 烘 2 h 的 KCl 溶解于水中，转移至容量瓶中，定容至 1 L，储于塑料瓶中。

2. 标准曲线配制　吸取 100 μg/mL 钾标准溶液 2 mL、5 mL、10 mL、20 mL、40 mL、60 mL，分别加入 100 mL 容量瓶中，用 $5\% H_2SO_4$ 溶液定容至 100 mL，就得到含钾浓度分别为 2 μg/mL、5 μg/mL、10 μg/mL、20 μg/mL、40 μg/mL、60 μg/mL 系列标准溶液。

四、实验步骤

（一）样品提取

称取过 0.25 mm 筛的作物样品 0.200 0 g，置于 100 mL 的消煮管中，先用水湿润样品，然后加浓 H_2SO_4 5 mL，轻轻摇匀，放置过夜，瓶口放一个弯颈漏斗，在消煮炉上先低温缓缓加热，待浓硫酸分解冒白烟逐渐升高温度。当溶液全部呈棕黑色时，从消煮炉上取下消煮管，稍冷，逐滴加入 300 g/L H_2O_2 10 滴，并不断摇动消煮管，以利反应充分进行。再加热至微沸 10 min～

20 min,稍冷后再加入 H_2O_2 5 滴～10 滴。如此反复 2 次～3 次，直至消煮液呈无色或清亮色后，再加热 5 min～10 min，以除尽过剩的双氧水。取出消煮管冷却，用少量水冲洗小漏斗，将洗液冲洗入瓶中。消煮液用水定容至 100 mL，取过滤液上机测定。每批消煮时做空白试验以校正试剂误差。

（二）仪器操作

1. 打开燃气供应阀和空气压缩机。

2. 按下主机电源开关，电源 LED 灯照亮，等待点火。

3. 将吸管放入去离子水中，溶液随吸管进入雾化室，观察到在废液皿内有溶液流出，这表明仪器进样雾化正常，废液管下方放一个容器，用于废液的收集。

4. 点火，可以从观察窗口观察火焰状态，旋动燃气阀调节火焰高度，使火焰呈浅蓝色的锥形火焰。在正式测量之前，仪器维持此状态预热至少 30 min，吸样管必须放入盛有去离子水的烧杯中。

5. 零点校准　吸入去离子水，将此时的读数调为 0.0。

6. 最大值校准　吸入最大浓度标准液，稳定 20 s 后读数，先旋转粗调，后旋转精调旋钮，将读数调为 100.0。

7. 移走标准溶液，等待 10 s，将吸样管放入去离子水中再次零点校准维持 20 s，并调节读数至 0.0，移走去离子水，等待 10 s。按此步骤将零点和最大值的数值反复校准 2～3 次，直至零点校准的读数为 0.0，允许读数在 ±0.2% 范围内波动，最大值校准读数在设定值的 ±1% 的波动范围内。

8. 仪器标定后，用所配的标准溶液进行标准曲线和待测液的测定（注意：如果待测液浓度超出 60 μg/mL，必须进行稀释后才能测量）。

9. 关机操作　停止测样后将吸样管放入空白的去离子水中冲洗 5 min，然后关闭燃气，待火焰熄灭后，关闭电源和空气压缩机。

五、结果计算

$$全 K 含量（\%）=(\rho-\rho_0)\times V\times 10^{-4}/m$$

式中：ρ——从标准曲线上查得待测液中钾浓度（μg/mL）；

ρ_0——从标准曲线上查得空白试验消煮液中钾浓度（μg/mL）；

V——测定液体积，50 mL；

m——植物样品烘干质量（g）；

10^{-4}——将 mg/kg 浓度单位换算为质量分数的换算因子。

六、注意事项

1. 要经常用肥皂水对空气管和燃气管查漏，打开燃气阀后，禁止在仪器周围使用明火。

2. 气瓶不能受热或受振荡。

3. 在仪器工作时烟囱帽和其中的玻璃灯罩区会很热，不要用手触摸，否则容易造成严重烧伤。

4. 观察火焰要从观察窗观看，不要从烟囱顶部观察，避免被灼伤。

5. 先打开空气压缩机再点火，否则火焰可能会出现在烟囱上方，易发生危险。

6. 在测试过程中，每隔一定数量样品要用标准样品标定下。

七、思考题

1. 为什么每批次都要做样品空白？

2. 使用火焰光度计有哪些注意事项？

八、参考文献

鲍士旦，2000. 土壤农化分析 ［M］. 北京：中国农业出版社.

第六节　作物中全磷含量的测定
——分光光度计

一、实验原理

作物样品经 $H_2SO_4 - H_2O_2$ 消解制备的待测液中的正磷酸能与偏磷酸盐和钼酸盐在酸性条件下作用，形成黄色的杂聚化合物钒钼酸盐，溶液的黄色很稳定，其深浅与磷的含量成正比，因此可以用比色法测定磷的含量。比色波长为 450 nm。比色液中酸的浓度范围是 0.4 mol/L～1.6 mol/L，酸度太高时则显色不完全或完全不显色，酸度太低则可能生成沉淀或其他颜色。溶液的黄色产生得很快，在最初的 15 min 内会降低约 1.3％，以后至少 2 h 内都很稳定。

二、主要仪器及试剂

（一）主要仪器
分光光度计、控温消煮炉、消煮管和天平。

（二）主要试剂

1. 钒钼酸铵试剂的配制　称取 $(NH_4)_6Mo_7O_{24} \cdot 4H_2O$ 12.5 g 溶于 200 mL水中。另将偏钒酸铵 0.625 g 溶于 150 mL 沸水中，冷却后，加入浓 HNO_3

125 mL，再冷却至室温。将钼酸铵溶液缓慢地注入偏钒酸铵溶液中，同时搅拌，用水稀释至 500 mL。

2. 6 mol/L NaOH 溶液的配制　称取 NaOH 24 g 溶于水中，稀释至 100 mL。

3. 2，6 -二硝基酚指示剂　称取 0.25 g 2，6 -二硝基酚溶于 100 mL 水中。

4. 50 μg/mL P 标准溶液的制备　准确称取 0.219 5 g 经 105 ℃ 烘干的 KH_2PO_4 溶于水中，移入 1 000 mL 容量瓶中，加水至 400 mL，加浓硫酸 5 mL，用水定容。装入塑料瓶中低温保存备用。

5. 浓 H_2SO_4 和 H_2O_2。

三、样品提取

1. 称取过 0.25 mm 筛的作物样品 0.200 0 g，置于 100 mL 的消煮管中。

2. 先用水湿润样品，然后加浓 H_2SO_4 5 mL，轻轻摇匀，放置过夜。

3. 瓶口放一个弯颈漏斗，在消煮炉上先低温缓缓加热，待浓硫酸分解冒白烟逐渐升高温度。

4. 当溶液全部呈棕黑色时，从消煮炉上取下消煮管，稍冷，逐滴加入 300 g/L H_2O_2 10 滴，并不断摇动消煮管，以利反应充分进行。

5. 再加热至微沸 10 min～20 min，稍冷后加入 H_2O_2 5 滴～10 滴。如此反复 2 次～3 次，直至消煮液呈无色或清亮色后，再加热 5 min～10 min，以除尽过剩的双氧水。

6. 取出消煮管冷却，用少量水冲洗小漏斗，将洗液冲洗入瓶中。

7. 消煮液用水定容至 100 mL，取过滤液上机测定。消煮时应同时做空白试验以校正试剂误差。

四、样品测定

1. 吸取消煮好经过滤的待测液 20 mL，放入 50 mL 容量瓶中，加 2，6 -二硝基酚指示剂 2 滴，用 6 mol/L NaOH 溶液中和至刚呈黄色，加入钒钼酸铵试剂 10 mL，用水定容。

2. 放置 15 min 后在分光光度计上波长 450 nm 下比色，以空白液调节仪器零点。

五、标准曲线制作

分别吸取 50 μg/mL P 标准溶液 0、1.0 mL、2.5 mL、7.5 mL、10.0 mL 和 15.0 mL 于 50 mL 容量瓶中，同上述操作步骤显色和测定，该标准系列 P 的浓度分别为 0、1.0 μg/mL、2.5 μg/mL、7.5 μg/mL、10.0 μg/mL 和 15.0 μg/mL。

六、结果计算

$$全 P 含量（\%）=\rho \cdot V \times 分取倍数 \times 10^{-4}/m$$

式中：ρ——从标准曲线查得赤色液 P 的质量浓度（μg/mL）；

V——显色液体积（mL）；

分取倍数——消煮液定容体积（mL）；

m——称取干样品质量（g）。

第七节 作物中硫含量的测定

——分光光度计

硫是作物生长所需的第四大营养元素，在作物的生长发育中有着非常重要的作用。硫元素是许多酶的成分，对 α-酮戊二酸脱氢酶、苹果酸脱氢酶等有活化作用，对作物的生长有促进作用；硫参与作物体内的氧化还原过程，在作物呼吸过程中起着重要作用；硫是很多生理活性物质如维生素 B_1 的成分；硫能促进叶绿素合成，改善叶绿体的光合结构；硫能影响氮的生物合成；不同作物地上部与地下部对硫的生长反应不同。硫是蛋白质的组成成分，作物缺硫就会使蛋白质合成受阻，增施硫肥则可增加作物蛋白质含量和产量，改善农产品的品质。作物体内—SH 基越多，其抗寒性和耐旱性越强。因此掌握作物硫含量的测定方法对于研究硫素对作物的产量和品质的影响具有重要意义。

一、实验目的

掌握作物含硫量的测定原理和方法。

二、实验原理

比浊法主要是用于测定能形成悬浮体的沉淀物质，根据悬浮体的透射光或散射光的强度以测定物质组分含量的一种分析方法。当作物样品灰化后，有机硫全部氧化成硫酸根离子存在于溶液中，在溶液中加入氯化钡晶粒后，则形成硫酸钡沉淀，分散成较稳定的悬浊液，当光线通过混浊溶液时，因悬浮体选择性地吸收了一部分光能，并且悬浮体向各个方向散射了另一部分光线，从而减弱了透过光线的强度。透光度和悬浮物质浓度的关系类似于朗伯-比尔定律，从而测定硫含量。

三、仪器与试剂

（一）主要仪器

微波灰化炉、紫外可见分光光度计、天平、磁力搅拌器和瓷坩埚。

（二）试剂

1. 硫标准储备溶液（20 μg/mL） 称取经 110 ℃烘 4 h 的硫酸钾 0.108 7 g 溶于水中，定容至 1 L 容量瓶中。

2. 阿拉伯胶水溶液（2.5 g/L）。

3. 氯化钡晶粒 分析纯氯化钡结晶磨细过筛，取粒度为 0.25 mm～0.5 mm 之间的晶粒备用。

4. 盐酸溶液 1∶4 的盐酸水溶液、1∶1 的盐酸水溶液和 0.1 mol/L 的盐酸溶液。

四、实验步骤

（一）样品的提取

1. 准确称取 1 mg 过 60 目筛的样品，置于 50 mL 瓷坩埚中，先在电热板上低温灰化，直至不冒烟后转移至微波灰化炉中，温度设置 550 ℃，高温下碳化 2 h，待温度降到室温后取出。

2. 取 5 mL 1∶1 的盐酸水溶液溶解灰分，在电热板上加热蒸干，再加 1∶1 的盐酸水溶液 2 mL 溶解，再蒸干。

3. 最后用 10 mL 0.1 mol/L 的盐酸溶液加热溶解，过滤到 100 mL 容量瓶中，用去离子水定容，摇匀。

（二）标准曲线的绘制

1. 准确吸取硫标准储备溶液 0、1 mL、2 mL、4 mL、8 mL 和 12 mL，分别放入 50 mL 容量瓶中，加 1∶4 的盐酸水溶液 2 mL 和阿拉伯胶水溶液 4 mL，加水定容，即成为含硫量为 0、0.4 μg/mL、0.8 μg/mL、1.6 μg/mL、3.2 μg/mL 和 4.8 μg/mL 的标准系列溶液。将其转入 150 mL 的烧杯中，加入氯化钡晶粒 2 g，于磁力搅拌器上搅动 1 min，取下，静置 1 min 后摇匀，立即将浊液在 10 min 内于 440 nm 处用 3 cm 光径的比色杯进行检测。

2. 以吸光度为纵坐标，以标准系列溶液硫含量为横坐标绘制标准曲线。

（三）样品液的测试

移取 25 mL 样品提取液（S 含量在 5‰～25‰范围内），放入 50 mL 容量瓶中，加 1∶4 的盐酸水溶液 2 mL 和阿拉伯胶水溶液 4 mL，加水定容。将其转入烧杯中，加入氯化钡晶粒 2 g（空白不加），于磁力搅拌器上搅动 1 min，取下，静置 1 min 后摇匀，立即将浊液于 440 nm 处用 3 cm 光径的比色杯进行检测。

五、结果计算

$$含硫量（\%）=\frac{(\rho-\rho_0)\times V\times ts\times 10^{-4}}{m}$$

式中：ρ——由标准曲线查得待测液中的硫含量（$\mu g/mL$）；

ρ_0——由标准曲线查得测定空白液中的硫含量（$\mu g/mL$）；

V——测定时待测液的体积（mL）；

ts——分取倍数，待测液定容体积/吸取待测液体积；

10^{-4}——$\mu g/g$ 换算成质量分数的换算因子；

m——称取样品的质量（g）。

六、注意事项

在制作标准曲线和样品待测液时，应尽可能保持操作条件一致，以保证悬浮质点大小和形状的均匀性，以生成稳定的胶态悬浮体。

七、参考文献

程炳嵩，1995. 植物生理与农业研究［M］. 北京：中国农业科技出版社.

第八节 作物中粗灰分含量的测定
——马弗炉或微波灰化炉

作物样品经高温灼烧后，其中的有机物质被气化，残留下来的无机物质成为灰分。灰分可以视为作物中无机物的总量，但由于作物中的组分不同，灼烧条件不同，残留物也各不相同。灰化时，如果样品中与磷酸盐相对应的阳离子不足，则磷酸将过剩，残渣就呈酸性，这时有一部分氯离子挥发散失，原有无机成分就减少；如果阳离子过剩，则残渣呈碱性，吸收二氧化碳形成碳酸盐，原有机成分就增多。因此，严格地说，应该把样品灼烧后的残留物称作粗灰分。

灰分之所以作为无机物不挥发，是因含有大量的矿质元素，称为灰分元素。研究表明，灰分中绝大部分是钾（K）、钠（Na）、钙（Ca）、镁（Mg）、硫（S）、磷（P）和氯（Cl），也含有铁（Fe）、锰（Mn）、铜（Cu）、锌（Zn）等少量的微量元素。矿质元素是植物的重要营养物质之一，对植物的生命活动起着不可缺少的作用。同时，这些矿质元素也是人和其他动物的重要外源性营养物质，尤其在食品加工中的重要性不容忽视。

灰分根据溶解性分为水溶性灰分、水不溶性灰分、酸溶性灰分以及酸不溶性灰分。水溶性灰分大部分是钾（K）、钠（Na）、钙（Ca）、镁（Mg）等的氧化物与可溶性盐类；水不溶性灰分除泥沙外，还有铁（Fe）、铝（Al）等的氧化物和碱土金属、碱式磷酸盐；酸不溶性灰分大部分为污染混入的泥沙和原来存在于谷物组织中的二氧化硅。

灰分中的矿物质不但与谷物营养密切相关，而且在构成生物体组织和保持体内环境等方面也发挥着重要的生理功能。另外，灰分中矿物质也与谷物加工品质密切相关。粮食加工制品中，精度越高，其灰分含量越少。灰分含量高，面粉色泽呈浅黑；反之灰分含量低，色泽白。所以常以灰分含量来评定面粉的精度和等级。

粗灰分的测定方法有很多，最常用的是采用高温灼烧的方法，使有机物与氧结合成二氧化碳和水蒸气而挥发，剩下的残留物即为粗灰分。

一、灼烧法测定作物中粗灰分含量——马弗炉

（一）实验目的

了解马弗炉高温灼烧法测定粗灰分的实验原理，掌握马弗炉的使用操作方法及实验过程中的注意事项。

（二）实验原理

在空气中用高温灼烧样品，使有机成分与氧结合成二氧化碳和水蒸气而挥发，残留下来的呈灰白色的氧化物即为粗灰分，称重即得粗灰分含量。

（三）仪器与试剂

高温电炉、马弗炉（图 2-7）、分析天平（感量 0.000 1 g）、样品粉碎机、瓷坩埚（18 mL～20 mL）、干燥器（备有变色硅胶）及长柄和短柄坩埚钳；0.005 g/mL 三氯化铁蓝墨水溶液。

马弗炉又称高温炉，箱式高温炉。马弗炉的主体是加热室，主要由耐火材料及碳化硅、氧化镁、氧化铝等制成，其内部的电热丝为镍铬合金丝，同时配备自动定温控制器和热电偶。在使用过程中可旋动控制键改变所设定的温度。
使用时，开启电源开关，红色指示灯即亮，表

图 2-7　马弗炉

示炉内已通电流，把定温控制键调至所需之温度，即可自动定温。当温度上升直至温度指针升到定温指针上时，红灯熄灭，即表示工作正常进行。使用完毕后，只要把控制键上的电源开关拨向"关"的位置，炉内电源即全部切断，若把电闸拉下，更为安全。

（四）实验步骤

1. 称量坩埚 先用三氯化铁蓝墨水溶液将坩埚编号，然后置于 500 ℃～550 ℃高温炉内烧 40 min～60 min，取出坩埚，放在炉门口处等待降温，待红热消失后（200 ℃以下时），放入干燥器内冷却，称量，再灼烧，冷却，称量，直至前后两次质量差不超过 0.000 2 g 为止，即为坩埚的恒重 m_0，并做好记录。

2. 称量样品 取粉碎试样 2 g～3 g（准确至 0.000 2 g），置于灼烧至恒重的坩埚内，记做质量 m。

3. 灰化 置坩埚于电炉上，盖上坩埚盖，勿盖严实，微开，加热至试样完全灰化为止。然后将坩埚放在高温炉口片刻，再移入炉膛内，微开坩埚盖，关闭炉门在 500 ℃～550 ℃高温下烧 2 h～3 h。在灼烧过程中，可将坩埚位置调换 1 次～2 次，直至灼烧至黑点全部消失，变成灰白色为止，取出坩埚，放入干燥器内冷却至室温，称量。再灼烧 30 min，称量，至恒重为止。如果最后一次灼烧的质量增加，取前一次质量计算，记做质量 m_1。

若要测定水不溶性灰分和水溶性灰分则继续下面的操作。

4. 水不溶性灰分 将 550 ℃下灼烧法得到的灰分，用 60 mL 水冲洗入烧杯中煮沸，然后用无灰定量滤纸过滤，将滤纸和残渣放入坩埚中，放在电炉上用小火烧至无烟，再移入高温炉内 550 ℃下灼烧 30 min，取出，冷却，称量，再灼烧 30 min，直至恒重，记做质量 m_2。

5. 结果计算

（1）总灰分（干基）含量计算公式。

$$总灰分含量 = \frac{m_1 - m_0}{m(100 - M)} \times 100\%$$

式中：m_0——坩埚质量（g）；

m_1——坩埚和灰分质量（g）；

m——试样质量（g）；

M——试样水分含量（%）。

（2）水不溶性灰分（干基）含量计算公式。

$$水不溶性灰分含量 = \frac{m_2}{m(100 - M)} \times 100\%$$

式中：m_2——水不溶性灰分质量（g）；

m——试样质量（g）；

M——试样水分含量（％）。

（3）水溶性灰分（干基）含量计算公式。

$$水溶性灰分＝总灰分－水不溶性灰分$$

（五）注意事项

1. 将坩埚试样放置于电炉上加热时，会产生大量黑灰色烟雾，所以电炉加热应放在通风橱内或室内通风的地方进行。

2. 马弗炉高温炉膛内各处温度有很大差别，相比较而言，一般最里面电热偶附件温度较高，中间部分温度次之，前面部分，尤其是炉前部分，实际温度比设定的温度要低，所以炉口附近的部分最好不使用，否则会使灼烧不充分，造成实验误差。

3. 放入马弗炉高温炉膛之前，要用高温电炉对试样进行预灰化。如不进行预灰化，直接放入马弗炉高温炉膛内，会因急剧高温灼烧，一部分灰分会飞散，造成实验误差。

4. 灰化灰分呈碱性的试样，瓷坩埚内表面的部分釉将溶解，尤其是反复使用多次后，往往难以得到恒重，所以灰化碱性试样时，需不时更换新的瓷坩埚。

5. 灼烧完全灰化透彻，灰分一般呈灰白色。但有些试样即使完全灼烧，残灰不一定呈现灰白色。铁含量较高的试样，残灰呈褐色；锰、铜含量高的样品残灰呈蓝绿色。有时即使残灰表面呈灰白色，也不一定灼烧彻底完全，内部可能残留炭块，所以应仔细观察残灰的情况。

（六）思考题

1. 如何理解马弗炉测定粗灰分的测试原理？

2. 利用马弗炉测定粗灰分应注意哪些问题？

（七）参考文献

中华人民共和国国家卫生和计划生育委员会，食品安全国家标准 食品中灰分的测定：GB 5009.4—2016［S］.

田继春，2006. 谷物品质测试理论与方法［M］. 北京：科学出版社.

二、微波灰化法测定作物中粗灰分含量——微波灰化炉

（一）实验目的

了解微波灰化法测定粗灰分的实验特点，掌握利用 Phoenix 微波灰化系统测定谷物灰分的使用操作方法及实验过程中的注意事项。

（二）实验原理

在空气中用高温灼烧样品，使有机成分与氧结合成二氧化碳和水蒸气而挥发，残留下来的呈灰白色的氧化物即为粗灰分，称重即得粗灰分含量。

（三）仪器与试剂

CEM Phoenix 微波灰化系统、石英纤维坩埚、石英纤维坩埚垫、移液管、吸收内衬、坩埚钳和感量 0.1 mg 分析天平。

CEM Phoenix 微波灰化系统又称为微波灰化炉（图 2-8），其灰化腔体由特殊石英陶瓷纤维制造，热绝缘能力强，内部具备精密设计的空气流通模式，尤其是强气流排风装置，可快速冷却炉室，使腔体内烟雾和挥发性副产物在冷凝聚集之前就被快速地清除。气体洗涤系统可收集灰化产生的酸性残留气体或固体物质，进行净化处理。超强耐腐蚀排气管通道可调节气流放大器，从排气口快速清除大量烟雾和挥发性气体。另外，微波灰化系统可梯度升温或快速升温至 1 200 ℃，不经碳化直接灰化，一次完成测定。另外，与仪器配套的石英纤维坩埚，是自密

图 2-8　Phoenix 微波灰化炉

闭无氧坩埚，可 5 min 内完成碳黑测定。循环气流增进了氧化速度，体积容量有 20 mL、50 mL 和 100 mL 规格，坚固抗断裂，可重复使用，可 60 s 内冷却至室温，样品加密闭盖子。

与传统的马弗炉相比，微波灰化系统具有升温速度快且易控制、无需碳化直接灰化、灰化时间短、瞬间冷却、测试精确安全等优势，广泛应用于谷物、饲料和药品等领域的粗灰分测定。

（四）仪器准备

1. 开机　打开电源，仪器自检后，进入主界面"CEM Method Menu"。

2. 编辑或创建方法

（1）在主界面下使用方向键，选择 Edit/Create Method，后按 SELECT 键。

（2）使用方向键，选择 New Method 创建一个新方法。如果要修改一个方法，使用方向键选择需要编辑修改的方法名，按 SELECT 键。

（3）给方法命名，文件名最长支持 16 个字母。

（4）按 NEXT 键，进入到 Program Options（程序选项）菜单界面。

（5）使用方向键，选择 Ramping 控制模式，按 SELECT 键确认。其中 Standard 模式适用于进一步控制；Ramping 模式适用于多步控制；Drying 模式适用于低于 500 ℃的应用。

（6）使用方向键、数字键和 SELECT 键输入方法中的各项参数，包括：温度、爬温时间、保持时间等（最大支持 8 步）。

注意：HOLD 项为到达设定温度后，一直维持该温度直到用户按下 START 键后才开始进入到保持时间倒计时。

（7）按 HOME 键返回到 CEM Method Menu 菜单屏幕。

3. 装载方法

（1）在主界面下使用方向键，选择 Load Method，按 SELECT 键。

（2）使用方向键，选择需要运行的方法，按 SELECT 键，该方法即被装入到当前方法中。

（五）样品测试

1. 称量样品，谷物样品一般 2 g～5 g，放入石英纤维坩埚。

2. 确认方法正确后，打开排风扇，按 Start/Stop 开始灰化程序，仪器开始升高温度。

3. 达到灰化温度（谷物一般 550 ℃）并给出提示音，如果在设定程序时 HOLD 项选择为"ON"则直接进入灰化时间倒计时，如果选"YES"则需按下 START 键，仪器开始按设定的灰化时间倒计时。

4. 方法执行完后，仪器给出提示音，用坩埚钳取出样品。

5. 实验完毕，仪器关机。需等待炉体内温度下降到 80 ℃以下时，方可在主界面关机。

6. 结果计算同马弗炉灼烧法。

（六）注意事项

1. 微波启动后 15 s 内不能关掉，微波停止后 5 min 内不得关机。

2. 没有关上灰化炉门前，不得关闭仪器门，否则灰化炉内的高温会损坏仪器门体。

3. 炉体的保温材料为石英材料，实验操作过程中应避免吸入体内以及直接接触皮肤。

4. 如果仪器运行过程中意外停电，应尽快打开仪器门，以免高温损坏仪器门。

5. 仪器关机时，炉腔温度应低于 80 ℃，突发停电着急关机可以把仪器门打开，但不能打开高温炉腔门。

6. 微波灰化时，对于不熟悉的样品必须在现场监视，灰化过程中出现异常时按 Start/Stop 键停止程序，再次按下 Start/Stop 键继续程序。

7. 每次灰化样品的总挥发物应控制在 20 g 以内（未碳化的样品量、已碳化的样品量不限）。

8. 微波灰化系统要注意日常维护和保养，定期清洁仪器表面、微波腔体和排风管路，定期检查仪器门体是否清洁和牢固。

（七）思考题

1. 简述利用 Phoenix 微波灰化系统测定粗灰分的操作步骤？

2. Phoenix 微波灰化系统相较于与传统的马弗炉有哪些优势？

第三章 作物生长调节物质的测定

植物激素是指一些小分子化合物，它们在极低的浓度下便可显著影响作物的生长发育和生理功能，对植物的种子萌发、生长、开花、成熟、衰老、休眠等生命活动起直接或间接的调节、控制作用。植物激素主要包括细胞分裂素、生长素、赤霉素、脱落酸、茉莉酸等，它们广泛分布在植物体内，参与植物的生长、发育及各种生物胁迫和非生物胁迫过程，如生长素和赤霉素类参与器官生长，生长素和脱落酸参与热诱导的向下生长，生长素、脱落酸、细胞分裂素、赤霉素、水杨酸及茉莉酸参与盐胁迫响应等过程的调控。激素如何调控作物生长发育，提高作物产量和品质，备受农业科研人员的关注。了解内源激素的变化规律，对于研究作物产量和抗性等具有重要的生产实践价值。

第一节 作物叶片中 5 种内源激素的测定
——高效液相色谱仪

一、实验目的

通过学习掌握使用高效液相色谱仪分离和测定作物内源激素的方法，为研究作物内源激素调节和控制作物的生长、衰老等研究提供关键技术。

二、实验原理

内源激素在作物体内含量甚微，种类复杂，结构各异，对温度等条件敏感。如吲哚乙酸（IAA）和玉米素（ZT）属于生物碱，赤霉素（GA_3）和脱落酸（ABA）是萜类化合物，水杨酸（SA）属于酚酸类。选择合适的有机溶剂从植物组织中提取内源激素，既要避免许多干扰物质，又要防止破坏激素本身。提取的样品要经纯化后使用液相色谱仪检测。

三、仪器与试剂

高效液相色谱仪（带紫外检测器）、旋转蒸发仪、pH 计、电子天平、超声波脱气机和冷冻离心机。玉米素、赤霉素、生长素、脱落酸和水杨酸标准品，色谱级的甲醇和乙酸，分析纯的石油醚和乙酸乙酯，超纯水。所有试剂在使用前均需用 0.45 μm 微孔滤膜过滤。色谱柱为 C18(250 mm×4.6 mm,5 μm),萃取柱为 Sep‑Pak C18。

四、高效液相色谱仪

(一)仪器工作原理

溶于流动相中的各组分在高压输液泵的作用下,经过装有多孔微粒固定相的色谱柱时,由于与固定相发生吸附、分配、离子吸引、排阻、亲和等作用的强弱不同,在固定相中滞留的时间不同,从而达到先后从固定相中流出的分离过程,其实质是一个吸附与解吸附的平衡过程。不仅可分析低分子量、低沸点的有机化合物,更多适用于分析中、高分子量,高沸点及热稳定性差的有机化合物。80%的有机化合物都可以用高效液相色谱法分析。

(二)仪器构造

高效液相色谱仪系统由储液器、泵、进样器、色谱柱、检测器、数据处理器等几部分组成。储液器中的流动相被高压泵泵入系统,样品溶液经进样器与流动相混合,被流动相携带入色谱柱中,由于样品溶液中的各组分在两相中具有不同的分配系数,在两相中做相对运动时,经过反复多次的吸附-解吸附的分配过程,各组分在移动速度上会产生较大的差别,被分离成单个组分,依次从柱内流出,通过检测器时,样品浓度被转换成电信号传送到记录仪,数据以图谱形式显示出来,具体工作流程见图 3-1。

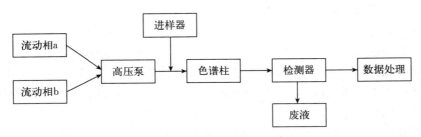

图 3-1 高效液相色谱仪的工作流程

1. 储液器一般为玻璃瓶;正相液相色谱流动相常用乙醚、氯仿、三氯甲烷等作溶剂;反相液相色谱流动相通常用甲醇、乙腈、四氢呋喃和水作溶剂,使用前必须经 0.45 μm 的微孔滤膜过滤,再用超声波脱气机进行脱气,防止系统产生气泡而干扰检测。

2. 高压输液泵通常耐压 1 bar~400 bar,在分析过程中,色谱柱装填 5 μm~10 μm 的固定相,对流动相有很高的阻力,必须在高压条件下才能完成流动相及测试样的通过。

3. 进样器通常有自动进样、六通阀进样。

4. 色谱柱为不锈钢柱，内有填充物，主要根据待测样品和杂质的酸碱性、结构、极性、分子量大小等选择色谱柱。样品是极性和弱酸性的可以选择 C18 柱，在 100％酸性水溶液条件下检测；如果样品的极性太强，或酸性太强，可以选择氰基柱、氨基柱或者硅胶柱；若样品是碱性的，可以选择高纯硅胶柱或一些经过修饰的 C18 柱，采用中性或偏碱的条件下做；如果碱性化合物的极性太强，或者碱性太强，可以选择宽 pH 范围的 C18 色谱柱在高 pH 检测或者选用 HILIC 色谱柱检测。

5. 柱温箱在高效液相色谱分析系统中，可以精确、稳定地控制色谱柱的工作温度，具有提高柱效，改善色谱峰分离度、促使峰形对称，缩短保留时间，降低柱反压，减少泵的磨损，保证分析样品结果的准确性和重复性的重要作用。

6. 检测器常用的有紫外吸收检测器（UVD），光电二极管阵列检测器（PDAD），荧光检测器（FD），示差折光检测器（RID），电化学检测器（ED），化学发光检测器（CD），蒸发光散射检测器（ELSD）。RID 和 ED 分别测定柱后流出液的总体折射率和电导率，测定灵敏度低，受流量和温度的影响易造成较大的漂移和噪声，不适合痕量分析。UVD 和 FD 分别测量溶质对紫外光的吸收和溶质在紫外光的照射下的荧光强度，检测灵敏度高，不易受流量和温度的影响，但不能用于测定对紫外光有吸收的流动相，适合痕量分析。

（三）定性定量分析

高效液相色谱仪分离有机化合物，一般情况下用与标准物对照的方法，根据保留时间的不同对化合物进行定性分析。当未知峰的保留时间与某一已知标准物完全相同，则能判定未知峰可能与已知标准物为同一物质，特别是如果色谱柱条件改变，未知峰的保留时间与已知标准物的保留时间仍能一致，那么基本判定是同一物质；定性分析后，用峰面积进行定量分析。将标准物配成不同的标准梯度，测定峰面积，作浓度和峰面积的标准曲线，然后根据未知物的峰面积，在曲线上求得待测物质的浓度。

五、实验步骤

1. 样品处理 新鲜叶片称取 2 g（根称取 5 g），加入 10 mL 预冷的 80％甲醇水溶液，加入液氮研磨成浆，用保鲜膜密封后在 4 ℃冷藏过夜。然后在 4 ℃条件下转速为 8 000 r/min 离心 10 min 后，取得上清液，残渣中加入 8 mL 80％的冷甲醇后离心 10 min，合并上清液。所有滤液在 40 ℃下减压浓缩至原体积的 1/3 后，加入 30 mL 石油醚萃取脱色 3 次，弃去醚相。水相用 20 mL

乙酸乙酯萃取 3 次，合并酯相，40 ℃下减压蒸干。加入 pH 3.5 的乙酸溶液 2 mL，过 Sep‑Pak C18 小柱纯化，用甲醇洗脱，收集液在 40 ℃下减压浓缩至干。用流动相溶解，定容至 2 mL，经 0.45 μm 微孔滤膜过滤后，用高效液相色谱仪分析。

2. 标准溶液的配制　用甲醇配制生长素、玉米素、脱落酸、赤霉素和水杨酸的混合标准溶液母液，浓度分别为 0.2 μg/mL、0.1 μg/mL、0.1 μg/mL、2.5 μg/mL 和 0.4 μg/mL。

3. 色谱条件的设置　流动相 A 为甲醇、B 为乙酸的水溶液（pH 3.6），梯度条件为 20%A 保持 7 min；第 10 min 达到 28%A，保持 7 min；第 19 min 时达到 40%A，保持 7 min。检测器波长设置为 254 nm；15 min 时切换到 240 nm；SA 洗脱后第 18 min 时又切换回 254 nm。检测温度为 25 ℃，流速为 1 mL/min，进样量为 20 μL。

4. 标准曲线制作　以 5 种激素混合标准溶液为原液进行逐级稀释，上机检测。将每个组分的峰面积为纵坐标，浓度为横坐标，就可以得到各内源激素的回归方程和相关系数。

5. 样品的测定　将经过滤后的样品在与标准曲线制作同样的色谱条件下，逐一检测，即可得到待测液中各激素的质量浓度。

六、注意事项

1. 新柱使用前　对于一根新的色谱柱，使用前在不接检测器的前提下，先用甲醇溶液以 20 倍柱体积低流速冲洗，使色谱柱的性能达到最好状态。

2. 测试完成后　样品测试完成后，要用 20 倍柱体积 10%甲醇水冲洗色谱柱。若色谱柱长时间不用，要冲洗 3 h～4 h，最后保存在 90%甲醇水中。

七、思考题

1. 为什么新柱使用前要用一定量的试剂低流速冲洗？
2. 为什么研磨样品时必须加液氮？

第二节　作物组织中 4 种激素的同时测定
——超高效液相色谱-三重四级杆质谱联用仪

超高效液相色谱-三重四级杆质谱联用仪（UPLC‑MS/MS）是将液相色谱的分离性能和质谱的质量分析能力结合在一起的一种分析仪器。由于其检测时是根据物质的质荷比对离子进行分离分析，具有很高的灵敏度和选择性，通常用于复杂基质中的化合物的分析和鉴定。

一、实验目的

掌握激素的提取和测试方法，了解作物激素在作物体内的变化，为作物体内的激素调节作物生长和衰老等研究奠定基础。

二、实验原理

作物激素提取液被流动相冲入毛细管内，毛细管上带有电压，使液体带电，流动相和化合物离开毛细管时被高温氮气雾化并加速挥发流动相，形成气化的带电化合物。离子源上的锥孔加有锥孔电压，同毛细管电压存在电势差，同时仪器内部为真空状态，将离子引入质谱仪内。进入仪器的离子先经过 TQS Stepwave 的加速聚焦，进入四极杆区域。对各种激素母离子进行二次碎裂，根据质荷比分离离子。带电离子到达检测器部分，打拿极（又称倍增电极）将离子转换为光子，随后磷光板将光子转换为电子，实现光电转换。电子经过 PMT 的放大，通过网线传输至电脑，软件将得到的信号绘制成谱图。从中选出各物质最强且稳定的子离子作为定量子离子。水杨酸（SA）、茉莉酸 [（±）JA]、脱落酸（ABA）和赤霉素（GA_3）的准分子离子峰为 $[M-H]^-$。

三、主要仪器与试剂

（一）仪器

超高效液相色谱-三重四级杆质谱联用仪、冷冻离心机、超声波脱气机、旋转蒸发仪、固相萃取仪和冷冻干燥机。

（二）试剂

1. 水杨酸（SA）、茉莉酸 [（±）JA]、脱落酸（ABA）和赤霉素（GA_3）标准品，甲醇、甲酸均为色谱纯，水为超纯水。

2. 各标准品纯品用甲醇溶解，配制成 1 mg/mL 的单标储备液，置于−40 ℃冰箱中密封保存。用甲醇逐级稀释，配制系列混合标准液，浓度梯度为 15 ng/mL、50 ng/mL、100 ng/mL、200 ng/mL 和 500 ng/mL。

四、实验步骤

（一）样品处理

1. 样品提取 作物组织加液氮研磨后，准确称取 0.500 g（精确至 0.001 g）于 10 mL 离心管中，加入 5 mL 经 4 ℃预冷的提取液（甲醇：甲酸：水＝15：1：4），于 4 ℃下振荡浸提 16 h，然后于 4 ℃ 12 000 r/min 离心 15 min，移出上清液，再向残渣中加入 4 mL 预冷的提取液，振荡提取 2 h 后离心获得上清液；再重复提取 1 次，将 3 次的上清液合并；在旋转蒸发仪中 38 ℃ 恒温水浴中减压蒸发至水相，放于 −20 ℃ 冰箱中冷冻 30 min。

2. 样品纯化 将提取液从 −20 ℃ 冰箱取出解冻，4 ℃ 12 000 r/min 离心 10 min，取上清液，用 1 mol/L HCl 调 pH 为 3.0，过 C18 - SPE 小柱（规格 200 mg/3 mL），弃色素及脂类不溶物；液体在自然重力下流出。C18 - SPE 柱使用前采用 3 mL 100% 甲醇活化和 3 mL 0.1 mol/L 甲酸水溶液平衡。用 3 mL 0.1 mol/L 甲酸水溶液淋洗 1 次，并减压抽干，接着用 3 mL 70% 甲醇洗脱，收集洗脱液，38 ℃ 旋转减压蒸发至水相后，置冷冻干燥机中进行冷冻干燥，用 300 μL 甲醇溶解干燥残渣（低温下超声波助溶 30 s～60 s），然后过 0.22 μm 有机滤膜，待测。

（二）仪器条件设置

1. 色谱条件 C18 色谱柱（2.1×100 mm，1.7 μm）。以 0.1% 甲酸水溶液（A）和甲醇（B）为流动相。梯度洗脱程序：0～0.2 min，90% A；0.2 min～2 min，90% A～10% A；2 min～3 min，10% A；3 min～3.1 min，10% A～90% A；3.1 min～5 min，90% A。流速为 0.4 mL/min；上样量为 1 μL。

2. 质谱条件 离子源为电喷雾离子源（ESI），采用负离子模式，多反应监测（MRM）模式监测；毛细管电压为 2.5 kV，脱溶剂温度为 450 ℃，脱溶剂气流量为 1 000 L/h，锥孔气体流量为 150 L/min。优化的质谱分析参数见表 3 - 1。

表 3 - 1　优化的质谱分析参数

激素名称	母离子 (m/z)	子离子 (m/z)	柱留时间 (s)	锥孔电压 (V)	碰撞能量 (V)	离子模式
SA	137.031 9	65.116 2	0.024	8	26	（−）
SA	137.031 9	93.100 0	0.024	8	15	（−）
JA	209.095 7	59.135 1	0.024	32	14	（−）
JA	209.095 7	109.151 9	0.024	32	18	（−）
ABA	263.095 7	153.109 0	0.024	30	10	（−）
ABA	263.095 7	204.142 6	0.024	30	18	（−）
GA₃	345.074 5	143.083 6	0.024	40	28	（−）
GA₃	345.074 5	239.218 1	0.024	40	15	（−）

（三）定性与定量分析

1. 建立样品列表 在样品表中输入样品信息，如建立的质谱方法、调谐方法、液相方法、样品类型、标准品浓度等多项信息。

2. 进样并采集数据　确定液相方法已平衡上，在样品列表中选中要测试的样品行，运行后开始进样并采集数据。

3. 建立数据处理方法　定量方法编辑时，在标准品色谱图中选出信噪比较大的离子对作为定量离子对，另一对为定性离子对，采用外标法以定量离子对的峰面积进行定量。

4. 建立标准曲线方法　在样品列表样品类型中选择标准品，标准品浓度一栏填入相应的浓度，选中全部标准溶液并运行，即出现标准曲线最终结果。

5. 数据结果处理　计算测试样品结果只需调用校准曲线方法和数据定量方法即可定量计算结果。

五、注意事项

1. 流路中的超纯水（水相）需要每天更换。

2. 仪器闲置过一段时间，流路中的其他溶液，如果剩余少量，不要直接添加满，应重新更换。

六、思考题

1. 在研磨样品时，为什么要加入液氮?

2. 样品的提取液为什么要过 SPE 小柱?

七、参考文献

陈波浪，郑春霞，盛建东，等，2006. HPLC 分离和测定棉花中 3 种植物激素 [J]. 新疆农业大学学报，29(1)：28 - 30.

龚明霞，王日升，何龙飞，等，2016. 超高效液相色谱-三重四级杆串联质谱法同时测定植物组织中多种激素 [J]. 分析科学学报，32(6)：789 - 794.

李合生，2000. 植物生理生化实验原理和技术 [M]. 北京：高等教育出版社.

张政，张强，王转花，等，1994. 荞麦幼苗内源激素的高效液相色谱测定法 [J]. 色谱，12(2)：140 - 141.

张玉琼，仲延龙，高翠云，等，2013. 高效液相色谱法分离和测定小麦中的 5 种内源激素 [J]. 色谱，31(8)：800 - 803.

第四章　作物生长关键酶活性的测定

——紫外可见分光光度计

第一节　硝酸还原酶（NR）活性的测定

硝酸还原酶（NR）是植物氮素同化的关键酶，与作物吸收和氮肥利用有关，它催化植物体内的硝酸盐还原为亚硝酸盐：

$$NO_3^- + NADH + H^+ \xrightarrow{NR} NO_2^- + NAD^+ + H_2O$$

产生的亚硝酸盐与对氨基苯磺酸（或对氨基苯磺酰胺）及 α-萘胺（或萘基乙烯二胺）在酸性条件下定量生成红色偶氮化合物。其反应如下：

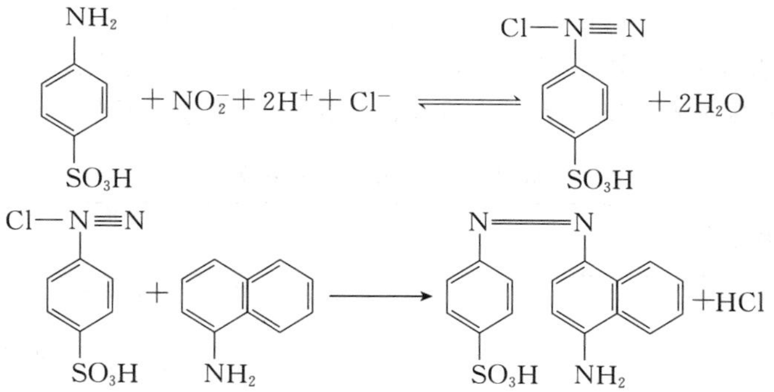

生成的红色偶氮化合物在 540 nm 波长下有最大吸收峰，可用分光光度法测定。硝酸还原酶活性可由产生的亚硝态氮的量表示，一般以 $\mu g/(g \cdot h)$ 为单位。NR 的测定可分为活体法和离体法。活体法步骤简单，适合快速、多组测定。离体法复杂，但重复性较好。

一、活体法测定

（一）仪器与用具

分光光度计、真空抽气泵（或 20 mL 注射器筒）、天平、单面刀片、保温箱（或恒温水浴）、刻度试管（15 mL）和移液管（5 mL×2，2 mL×8，1 mL×2）。

（二）试剂

1. 亚硝酸钠（NaNO₂）标准液　称取分析纯 $NaNO_2$ 0.100 0 g 水溶后定容至

100 mL，吸取 5 mL 用水稀释定容至 1 000 mL，即为每毫升含 $NaNO_2$ 5 μg（亚硝态氮近似 1 μg/mL）的标准液。

2. 0.1 mol/L pH 7.5 的磷酸缓冲液　K_2HPO_4 19.24 g，KH_2PO_4 2.2 g，加水溶解后定容至 1 000 mL。

3. 1%（W/V）对氨基苯磺酸溶液　称取 1.0 g 对氨基苯磺酸加入 25 mL 浓 HCl 中，用蒸馏水定容至 100 mL。

4. 0.02%（W/V）α-萘胺溶液　称取 0.02 g α-萘胺溶于 25 mL 冰醋酸中，用蒸馏水定容至 100 mL。

5. 30%三氯乙酸溶液　75.0 g 三氯乙酸水溶后定容至 250 mL。

6. 硝酸钾（0.1 mol/L）、**异丙醇**（1% V/V）**和磷酸缓冲液**（0.1 mol/L）**混合液**　称取 3.03 g 硝酸钾溶于 300 mL 0.1 mol/L 的磷酸缓冲液中，再加入 3 mL 异丙醇混匀。

（三）方法

1. 标准曲线制作　取 7 支洁净烘干的 15 mL 刻度试管，按表 4-1 顺序加入以下试剂，即配成 0 μg～2.0 μg 的系列标准亚硝态氮溶液。摇匀后在 30 ℃保温箱或恒温水浴中保温 30 min，然后在 540 nm 波长下比色。以亚硝态氮（μg）为横坐标，光密度值为纵坐标绘制标准曲线并建立回归方程。

表 4-1　各试剂加入顺序

管号	1	2	3	4	5	6	7
亚硝酸钠标准液（mL）	0	0.2	0.4	0.8	1.2	1.6	2.0
蒸馏水（mL）	2.0	1.8	1.6	1.2	0.8	0.4	0
1%对氨基苯磺酸（mL）	4	4	4	4	4	4	4
2% α-萘胺（mL）	4	4	4	4	4	4	4
每管含 NO_2^-（μg）	0	0.2	0.4	0.8	1.2	1.6	2.0

2. 反应和酶活性测定

（1）取样。将材料（小麦、玉米等作物叶片）洗净，用蒸馏水冲洗，滤纸吸干。在叶片中部打取直径 1 cm 的圆片（或剪成 0.5 cm²～1.0 cm² 的小块），混匀后每个样品称 0.5 g～1.0 g 3 份，放入试管并编号。

（2）反应。向各试管加入硝酸钾-异丙醇-磷酸缓冲液混合液 9 mL，其中一管立即加 1.0 mL 三氯乙酸混匀作对照。然后将所有试管置真空干燥器中接真空泵抽气，反复几次直至叶片沉在管底。将各试管置 30 ℃下于黑暗处保温 30 min，分别向处理管加 1.0 mL 三氯乙酸，摇匀终止酶活性。

（3）比色。将各试管静置 2 min，吸取上清液 2 mL 加入另一组试管，以对照管做参比，按标准曲线做法进行显色测定，并计算酶活性 [μgN/(g·h)]。

$$样品中酶活性 [\mu gN/(g \cdot h)] = \frac{C \times V_1/V_2}{W \times t}$$

式中：C——反应液催化产生的亚硝态氮总量（μg）；

　　　V_1——提取酶液时加入的缓冲液体积（mL）；

　　　V_2——酶反应时加入的粗酶液体积（mL）；

　　　W——样品重量（g）；

　　　t——反应时间（h）。

二、离体法测定

（一）仪器与用具

离心机、分光光度计、冰箱、研钵、试管等。

（二）试剂

1. 0.1 mol/L pH 7.5 的磷酸缓冲液、0.1 mol/L 硝酸钾磷酸缓冲液、1%（W/V）对氨基苯磺酸溶液和 0.2%（W/V）α-萘胺溶液（同活体法）。

2. NADH₂ 溶液　称取 2.0 mg NADH₂ 溶于 1 mL 0.1 mol/L 的磷酸缓冲液中。

3. 提取缓冲液（25 mmol/L 的磷酸缓冲液、5 mmol/L 半胱氨酸、5 mmol/L EDTA-Na₂ 混合液）　取 250 mL 0.1 mol/L 磷酸缓冲液，加半胱氨酸 0.61 g；EDTA-Na₂ 1.86 g，溶解后用 KOH 溶液调 pH 至 7.5，定容至 1 000 mL。

（三）方法

1. 取材料 2 g，洗净剪碎，放在研钵中置于冰箱低温冷冻 30 min。取出在冰浴中加入少量石英砂和提取缓冲液（玉米、小麦和水稻分别按每克鲜重 1 mL、2 mL 和 4 mL 分 2 次加入）。研磨为匀浆，低温离心 5 min(4 000 r/min)。上清液即为粗酶提取液。

2. 取 0.4 mL 粗酶提取液、1.2 mL 0.1 mol/L 硝酸钾磷酸缓冲液、0.4 mL NADH₂ 溶液加入备好的刻度试管中混匀，在 30 ℃下保温 30 min，对照不加 NADH₂，以 0.4 mL 蒸馏水代替。

3. 保温后立即加 1 mL 对氨基苯磺酸溶液终止反应，加 1 mL α-萘胺溶液，显色 20 min，离心 10 min，上清液在分光光度计上测波长 540 nm 处光密度。

4. 标准曲线制作和结果计算同活体法。

三、注意事项

1. 硝酸盐还原过程应在黑暗中进行，以防止亚硝酸盐还原为氨。加异丙醇可增加组织对 NO_3^- 和 NO_2^- 的透性，厌氧条件下可防止氧竞争还原吡啶核苷酸。

2. 取样前材料应照光 3 h 以上，大田取样在上午 9 时后为宜，阴雨天不宜取样。取样部位应尽量一致。

3. 配好的硝酸钾的磷酸缓冲液应密闭低温保存，否则易滋生微生物将 NO_3^- 还原，使对照吸光度偏高。

4. 从显色到比色时间要一致，过短或过长对颜色均有影响。

四、思考题

1. 测定硝酸还原酶的材料取样前为什么需要一定时间的光照？

2. 活体法和离体法测定中，影响实验结果的最大因素各是什么？应如何注意？

第二节 谷氨酸脱氢酶（GDH）、谷氨酰胺合成酶（GS）和谷氨酸合成酶（GOGAT）活性的测定

作物吸收的铵盐或硝酸盐还原转化成的氨，通常在 3 个重要酶即谷氨酸脱氢酶（GDH）、谷氨酰胺合成酶（GS）、谷氨酸合成酶（GOGAT）的作用下与碳水化合物中间代谢产物酮酸发生氨基化作用，形成氨基酸。GS 和 GOGAT 偶联形成的循环反应是高等植物氮同化的主要途径。GDH 是植物氮同化的另一个关键酶，尽管它在氨基酸合成过程中的作用可以被 GS - GOGAT 途径所取代，但 GDH 在植物自然衰老过程中或环境胁迫时对 NH_4^+ 的再合成起着重要的作用。

一、提取缓冲液

称取 1.529 5 g Tris（三羟甲基氨基甲烷）、0.124 5 g $MgSO_4 \cdot 7H_2O$、0.154 3 g DTT（二硫苏糖醇）、34.23 g 蔗糖，去离子水溶解后，用 0.05 mol/L HCl 调至 pH 8.0，最后定容至 250 mL。

二、粗酶液提取

称取材料 1 g 于研钵中，加 3 mL 提取缓冲液，冰浴研磨，转移至离心管，4 ℃下 15 000 ×g 离心 20 min，上清液即为粗酶液。

三、谷氨酸脱氢酶（GDH）活性的测定

（一）测定原理

α -酮戊二酸＋NH_4^+＋$NADPH^+$＋H^+→L -谷氨酸＋$NADP^+$＋H_2O

此反应在植物体内氨的同化和转化为有机氨化合物的代谢中起重要的作用。谷氨酸是高等绿色植物无机氨同化的最终产物，是植物体内许多其他氨基酸生物合成的主要氨基供体。GDH 消耗谷氨酸产生 NADH，同时 NADH 氧化生成 NAD^+，340 nm 吸光度的下降速率可以反映 GDH 活性大小。

（二）测定方法

1. 反应液　60 μmol/L L-谷氨酸（8.83 mg）＋1.6 μmol/L NAD(1.1 mg)＋360 μmol/L Tris - HCl 缓冲液（1.8 mL），定容至 1 000 mL。

2. 酶活性测定　1 mL 酶提取液＋2 mL 反应液，340 nm 下比色，每隔 1 min 记录 1 次 OD 值，共记录 4 次。

3. 空白　反应液不含 L-谷氨酸。

4. 结果计算　每分钟光吸收的变化为酶活单位，比活性用每克植物鲜样所形成的 nmol/L NADH 表示，单位为 nmol NADH/(L · g FW · min)

计算公式为：酶活性＝3×每分钟光吸收变化值×1 000。

四、谷氨酰胺合成酶（GS）活性的测定

（一）测定原理

谷氨酰胺合成酶（GS）是植物体内氨同化的关键酶之一，在 ATP 和 Mg^{2+} 存在下，它催化植物体内谷氨酸形成谷氨酰胺。在反应体系中，谷氨酰胺转化为 γ -谷氨酰基异羟肟酸，在酸性条件下与铁形成红色的络合物；该络合物在 540 nm 处有大吸收峰，可用分光光度计测定。

（二）测定方法

1. 反应液　反应混合液 A(0.1 mol/L Tris - HCl 缓冲液，pH 7.4)：内含 80 mmol/L Mg^{2+}、20 mmol/L 谷氨酸钠盐、20 mmol/L 半胱氨酸和 2 mmol/L EDTA。称取 3.059 0 g Tris、4.979 5 g $MgSO_4$ · $7H_2O$、0.862 8 g 谷氨酸钠盐、0.192 0 g EGTA 和 0.878 2 g 半胱氨酸，去离子水溶解后，用 0.1 mol/L

HCl 调至 pH 7.4，最后定容至 250 mL。

反应混合液 B（含盐酸羟胺，pH 7.4）：反应混合液 A 的成分再加入 80 mol/L 盐酸羟胺，pH 7.4。

显色剂：0.2 mol/L TCA，0.37 mol/L $FeCl_3$ 和 0.6 mol/L HCl 混合液。称取 3.317 6 g TCA（三氯乙酸）和 10.102 1 g $FeCl_3 \cdot 6H_2O$，去离子水溶解后，加 5 mL 浓盐酸，定容至 100 mL。

40 mmol/L ATP 溶液：0.121 0 g ATP 溶于 5 mL 去离子水中（用前配制）。

2. 显色反应 1.6 mL 反应混合液 B，加入 0.7 mL 粗酶液和 0.7 mL ATP 溶液，混匀，于 37 ℃下保温 0.5 h，1 mL 显色剂，摇匀放置片刻后，于 5 000×g 下离心 10 min，取上清液测定 540 nm 处的吸光度，以 1.6 mL 反应混合液 A 加入其他药剂为对照。

3. 粗酶液中可溶性蛋白质测定 取粗酶液 0.5 mL，用水定容至 100 mL，取 2 mL 用考马斯亮蓝 G-250 测定可溶性蛋白质，测定方法见第一章第三节。

4. 结果计算

$$\text{GS 活力 } [A/(\text{mg 蛋白} \cdot h)] = A/(PVt)$$

式中：A——540 nm 处的吸光度；

$\qquad P$——粗酶液中可溶性蛋白含量（mg/mL）；

$\qquad V$——反应体系中加入的粗酶液体积（mL）；

$\qquad t$——反应时间（h）。

五、谷氨酸合成酶（GOGAT）活性的测定

（一）测定原理

GOGAT 分布于植物中，和谷氨酰胺合成酶共同构成 GS/GOGAT 循环，参与氨同化的调控。GOGAT 催化谷氨酰胺的氨基转移到 α-酮戊二酸，形成 2 分子的谷氨酸；同时 NADH 氧化生成 NAD^+，340 nm 处吸光度的下降速率可以反映 GOGAT 活性大小。

（二）测定方法

GOGAT 活性测定参照 Sigh(1986) 的方法，反应混合物总体积 3 mL（内含 0.4 mL 20 mmol/L L-谷氨酰胺、0.05 mL 0.1 mol/L 酮戊二酸、0.1 mL 10 mmol/L KCl、0.2 mL 3 mmol/L NADH 和 0.5 mL 酶液，不足体积用 25 mmol/L pH 7.6 的 Tris-HCl 缓冲液补足），反应由 L-谷氨酰胺启动，340 nm 下测定吸光度的变化。以 1 min 下降的吸光度作为一个酶活性单位。

第三节 籽粒中蔗糖−淀粉转化过程中关键酶 ADPGPPase、UDPGPPase、SSS 和 GBSS 活性的测定

光合作用所形成的光合产物主要以蔗糖的形式输送到籽粒中。籽粒中的蔗糖通过酶促反应降解形成葡萄糖、果糖和尿苷二磷酸葡萄糖（UDPG），再经过一系列酶促反应形成淀粉。腺苷二磷酸葡萄糖焦磷酸化酶（ADPGPPase）、尿苷二磷酸葡萄糖焦磷酸化酶（UDPGPPase）、可溶性淀粉合成酶（SSS）和淀粉粒结合淀粉合成酶（GBSS）等是籽粒淀粉合成的关键酶。所以，测定相关酶的活性对于明确籽粒中蔗糖−淀粉转化过程有重要意义。

一、所需试剂

HEPES − NaOH 缓冲液；50 mmo/L ADPG 或 UDPG；50 mmol/L $MgCl_2$；20 mmol/L Ppi；6 mmol/L NADP；1.5 IU/mL PGM（磷酸葡萄糖变位酶）；5 IU/mL G − 6 − PDH（6 −磷酸葡萄糖脱氢酶）；支链淀粉；DTT；ADP − ATP 反应介质；盐酸；PEP（磷酸烯醇式丙酮酸）；PK（丙酮酸激酶）；荧光素−荧光素酶试剂。

二、酶液提取

鲜样称重后，加 10 mL pH 7.5 的 HEPES − NaOH 缓冲液，冰浴研磨，取 30 μL 匀浆液加入 1.8 mL 缓冲液，微离心，沉淀用缓冲液悬浮后，用于 GBSS 活性的测定。其余匀浆液 10 000×g 冷冻离心 2 min 后，上清液用于 SSS、ADPGPPase 和 UDPGPPase 活性的测定。

三、ADPGPPase 和 UDPGPPase 活性的测定

（一）测定原理

AGP（EC 2.7.7.21）主要存在于植物中，催化葡萄糖−1 −磷酸与 ATP 反应生成淀粉合成的直接前体 ADPG，是植物淀粉生物合成的主要限速步骤。AGP 催化的逆向反应生成 1 −磷酸葡萄糖（G − 1 − P），在反应体系中添加的磷酸己糖变位酶和 6 −磷酸葡萄糖脱氢酶依次催化生成 6 −磷酸葡萄糖酸和 NAD-PH，340 nm 下测定 NADPH 增加速率，即可计算 AGP 活性。

UDPG 焦磷酸化酶是生物体糖原合成过程中的关键酶。在葡萄糖合成糖

原前催化葡萄糖活化，将 1 -磷酸葡萄糖与 UTP 分子合成为 UDP -葡萄糖（UDPG）。UGP 可逆催化反应生成 1 -磷酸葡萄糖，在磷酸葡萄糖变位酶和 6 -磷酸葡萄糖脱氢酶作用下将 NADP 转化为 NADPH，340 nm 处的吸光度增加速率反映了 UGP 活性。

（二）测定方法

100 μL 5 mmol/L ADPG（或 UDPG）加 50 μL 50 mmol/L MgCl$_2$、缓冲液 100 μL、酶提取液 50 μL（UDPGPPase 测定用 20 μL），加 100 μL 20 mmol/L Ppi 起始反应，反应 15 min 后，沸水浴 1 min 终止反应。冷却，加 6 mmol/L NADP$^+$ 100 μL，1.5 IU PGM（磷酸葡萄糖变位酶），0.25 IU 的 G - 6 - PDH（6 -磷酸葡萄糖脱氢酶），0.3 mL 缓冲液，总体积 1.5 mL，30 ℃反应 5 min～10 min后，340 nm 下比色，用 G - 1 - P 做标准曲线。

四、SSS 和 GBSS 活性的测定

（一）测定原理

SSS 通常以游离态存在于质体基质中，催化淀粉链延长，主要负责支链淀粉的合成。SSS 催化 ADPG 与淀粉引物（葡聚糖）反应，将葡萄糖分子转移到淀粉引物上，同时生成 ADP，在反应体系中添加的丙酮酸激酶、己糖激酶和 6 -磷酸葡萄糖脱氢酶依次催化 NADP$^+$ 还原为 NADPH，NADPH 生成量与前一步反应中 ADP 生成量呈正比，340 nm 下测定 NADPH 增加量即可计算 SSS 活性。

GBSS 以束缚态存在于淀粉体中，催化淀粉链的加长反应，主要负责直链淀粉的合成。GBSS 催化 ADPG 与淀粉引物葡聚糖反应，将葡萄糖分子转移到淀粉引物上，同时生成 ADP；进一步通过反应体系中添加的丙酮酸激酶、己糖激酶和 6 -磷酸葡萄糖脱氢酶依次催化 NADP$^+$ 还原为 NADPH，其中 NADPH 生成量与前一步反应生成的 ADP 数量呈正比，通过 340 nm 下测定 NADPH 的增加量，可以计算 GBSS 活性。

（二）测定方法

0.35 mL 反应介质（含 50 mmol/L pH 7.5 的 HEPES - NaOH 缓冲液，1.6 mmol/L ADPG＋15 mmol/L DTT＋支链淀粉 1 mg），30 ℃保温 5 min，加 50 μL 酶液，反应 20 min 后，沸水浴终止反应。冷却后，加 0.35 mL ADP - ATP 反应介质（含 50 mmol/L pH 7.5 HEPES - NaOH 缓冲液，40 mmol/L PEP＋200 mmol/L HCl＋100 mmol/L MgCl$_2$ 和 2 IU 丙酮酸激酶），30 ℃反应 30 min，加入荧光素-荧光素酶试剂测生成 ATP 含量（取 50 μL 酶液加荧光素-荧光素酶试剂测 ATP 含量）。荧光测定用上海生命科学研究院植物生理生

态研究所研制的 FG - 300 型发光光度计测定。

第四节　RuBP 羧化酶和 PEP 羧化酶活性的测定

RuBP 羧化酶与 PEP 羧化酶是绿色高等植物固定 CO_2 的主要酶。其中，PEP 羧化酶是 C_4 植物和 CAM 植物固定 CO_2 的关键酶，而 RuBP 羧化酶则不仅是 C_3 植物，也是 C_4 植物与 CAM 植物同化 CO_2 的关键酶。所以，测定这两种羧化酶的活性对于光合碳同化以及呼吸、光呼吸等均有重要意义。

一、酶液的提取

取样品 0.5 g 放入预冷过的研钵中，加入 3 mL 预冷过的 100 mmol/L Tris - H_2SO_4 缓冲液，迅速研磨成匀浆，于 5 000 r/min 冷冻离心 20 min，取上清液备用，为酶提取液。

二、缓冲液

0.1 mmol/L Tris - H_2SO_4 缓冲液，内含 7 mmol/L 的巯基乙醇、1 mmol/L 的 EDTA、5% 的甘油和 1% 的 PVP、10 mmol/L $MgCl_2$，pH＝8.0。

三、RuBP 羧化酶活性的测定

（一）测定原理

在 RuBP 羧化酶作用下 1 mol RuBP 与 1 mol CO_2 反应生成 2 mol 3 -磷酸甘油酸，后者在 3 -磷酸甘油酸激酶和 3 -磷酸甘油醛脱氢酶作用下，被 NADH 还原成 3 -磷酸甘油醛。通过反应可知，每固定 1 mol CO_2 就有 2 mol NADH 被氧化，NADH 的减少量可用分光光度计在 340 nm 下测出，进而算出 RuBP 羧化酶的活性 $[\mu mol\ CO_2/(gFW \cdot h)]$。

（二）测定方法

1. 反应混合液　1 mmol/L 的 Tris - HCl 缓冲液（pH＝8.0）、0.1 mol/L 的 $MgCl_2$、50 mmol/L 的 ATP、50 mmol/L 的 DTT、2 mmol/L 的 NADH 和 1 mmol/L 的 EDTA，以上溶液各 0.3 mL；200 μmol/L 的 $NaHCO_3$ 溶液 0.1 mL；3 -磷酸甘油酸激酶/3 -磷酸甘油醛脱氢酶（15U/15U）溶液 0.1 mL；蒸馏水 0.8 mL。

2. 测定　在 30 ℃的恒温水浴 10 min，加入 9 mmol/L 的 RuBP 溶液 0.1 mL，最后加入 RuBP 羧化酶提取液 0.1 mL，启动反应，立刻于 340 nm 下测定吸光度的变化。

四、PEP 羧化酶活性的测定

(一) 测定原理

在 Mg^{2+} 存在下，PEP 羧化酶可催化 PEP 与 HCO_3^- 形成 OAA（草酰乙酸），后者在 MDH（苹果酸脱氢酶）催化下，可被 NADH 还原为 MAL（苹果酸）。通过在 340 nm 处测 NADH 的消耗速率，进一步推算出 PEP 羧化酶的活性〔μmol $CO_2/(gFW \cdot h)$〕。

(二) 测定方法

1. 反应混合液　总体积 3.0 mL，内含：100 mmol/L 的 Tris – H_2SO_4 缓冲液 1.0 mL（pH＝9.2）；10 mmol/L 的 $MgCL_2$ 溶液 0.1 mL；10 mmol/L 的 $NaHCO_3$ 溶液 0.1 mL；1 g/L 的 NADH 溶液 0.3 mL；酶提取液 0.5 mL；50 U/mL 的苹果酸脱氢酶（约 10.5 U）0.3 mL；蒸馏水 0.5 mL。

2. 测定　于 28 ℃水浴 10 min，用 40 mmol/L 的 PEP 溶液 200 μL 启动反应，立刻在 340 nm 下测定吸光度的变化。

第五节　苯丙氨酸解氨酶（PALase）活性的测定

一、实验原理

苯丙氨酸解氨酶（Phenylalanine ammonia lyase，PALase）催化苯丙氨酸的脱氨反应，使 NH_3 释放出来形成反式肉桂酸。此酶在植物体内次生物质（如木质素等）代谢中起重要作用。根据其产物反式肉桂酸在 290 nm 处吸光度的变化可以测定该酶的活性。

二、材料、仪器设备及试剂

(一) 材料
马铃薯块茎。

(二) 仪器设备
紫外分光光度计、离心机、研钵、吸滤瓶、红光装置和打孔器。

(三) 试剂
0.05 mol/L 硼酸盐缓冲溶液（pH 8.8）。

0.02 mol/L 苯丙氨酸（用 0.1 mol/L pH 8.8 硼酸缓冲液配制）。

5 mmol/L 巯基乙醇硼酸缓冲液。

三、实验步骤

1. 马铃薯圆片制备　将马铃薯块茎洗净、削皮，用打孔器（直径 1.5 cm）取圆柱，切除两头近表皮处，中间部分切成 2 mm 厚的圆片。先用自来水漂洗，最后用蒸馏水洗一次，用纱布吸干表面的水。

2. 光诱导　将圆片平铺在带有湿润滤纸的培养皿中，置 20 ℃～30 ℃红光下处理 24 h 以诱导 PAL（也可接种病原菌诱导）。

3. 粗酶提取液的制备　经诱导处理的马铃薯圆片 5 g，加 10 mL 的 5 mmol/L 巯基乙醇硼酸缓冲液、0.5 g 聚乙烯吡咯烷酮（PVP）或 PolyclarAT（除去酚类物质毒害，防止醌颜色的干扰）、少量石英砂在研钵中研磨。匀浆抽气过滤，滤纸在 10 000 r/min 离心 15 min，上清液为酶粗提液。上述操作均在 0 ℃～4 ℃下进行。

4. 酶活性测定与计算　1 mL 酶液加 1 mL 0.02 mol/L 苯丙氨酸，2 mL 蒸馏水，总体积为 4 mL。对照不加底物，多加 1 mL 蒸馏水。反应液置恒温水浴 30 ℃中保温，0.5 h 后用紫外分光光度计在 290 nm 处测定吸光度。以每小时 A_{290} 增加 0.01 为一个酶活单位。

第六节　作物组织中 ATP 酶活性的测定

ATP 酶可催化 ATP 水解生成 ADP 及无机磷，这一反应放出大量能量，以供生物体进行各种需能生命过程。它存在于生物细胞的多个部位，比如细胞质膜上、叶绿体类囊体膜上，对整个生命的维持有着重要的作用。在生物学研究中，常通过测定酶促反应释放的无机磷量或 ATP 的减少量及 pH 变化等来反映 ATP 酶的活力。

一、实验原理

通过测酶促反应过程中无机磷的释放量来反映叶绿体偶联因子 ATP 酶的活力。偶联因子是分布在叶绿体类囊体膜表面的一种复合蛋白，它在光合作用能量转换反应中起重要作用。在正常情况下，膜上的偶联因子催化光合磷酸化反应（ATP 合成）的速率很高，而水解 ATP 的活力是十分低的，但用二硫苏糖醇（DTT）、胰蛋白酶或较高温度等激活后，它水解 ATP 的活力可大大增加。因此，偶联因子的测定常用激活后的 ATP 酶水解 ATP 的活力来表示。

二、材料、仪器设备及试剂

（一）材料

新鲜植株叶片 10 g，洗净，去叶柄和中脉备用。

（二）仪器设备

分光光度计、水浴锅、照光设备（光源 50 000 lx）和台式离心机。

（三）试剂

Tris - HCl 缓冲液 1 mol/L(pH 8.0)：称 60.57 g Tris 溶于 400 mL 蒸馏水中，用浓盐酸调至 pH 8.0，再加蒸馏水至 500 mL。

5 mol/L 硫酸溶液：取 27.8 mL（比重 1.84）浓硫酸，慢慢加入到 70 mL 蒸馏水中，冷却后定容至 100 mL。

10% 硫酸-钼酸铵溶液：称 10 g 钼酸铵溶于 100 mL 5 mol/L 硫酸中。

硫酸亚铁-钼酸铵试剂：称 5 g 硫酸亚铁，加入 10 mL 硫酸-钼酸铵，再加蒸馏水稀释到 70 mL，直至溶解为止（用前临时配制）。

STN（蔗糖 - Tricine - NaCl$_2$ 溶液）缓冲液：将 0.05 mol/L Tris - HCl 缓冲液（pH 7.8，内含 0.4 mol/L 蔗糖、0.01 mol/L NaCl）放入冰箱中预冷。

三、实验步骤

（一）叶绿体制备及叶绿素含量测定

取准备好的植株叶片 5 g，置于研钵或组织捣碎机杯中，加入 20 mL 0 ℃下预冷的 STN 缓冲液，快速研磨或捣碎（0.5 min 完成）成匀浆，以四层纱布过滤去粗渣，滤液于 0 ℃～2 ℃下，200 r/min 离心约 1 min，去细胞碎片，将上清液再于 1 500 r/min 离心 5 min～7 min，取沉淀悬浮于少量 STN（pH7.8）中，使叶绿素含量在 0.5 mg/mL 左右。

取上述叶绿体悬浮液 0.1 mL，加 0.9 mL 水和 4 mL 丙酮（分析纯），离心，取上清液于 652 nm 测吸光度，按 Arnon 公式计算：叶绿素含量（mg/mL）＝$A_{652}×1 000×5/(34.5×1 000×0.1)=A_{652}×1.45$。

（二）ATP 酶的激活

1. Mg^{2+}- ATP 酶激活液及反应液配制　激活液：0.25 mol/L Tris - HCl（pH 8.0）0.2 mL、0.5mol/L NaCl 0.2 mL、0.05 mol/L MgCl$_2$ 0.2mL、50 mmol/L 二硫苏糖醇（DTT）0.2 mL、0.5 mmol/L 二氮蒽甲硫酸（PMS）0.2 mL，总计 1.0 mL。反应液：0.5 mol/L Tris - HCl（pH 8.0）0.1 mL、0.05 mol/L MgCl$_2$ 0.1 mL、50 mmol/L ATP 0.1 mL、H$_2$O 0.2 mL，总计 0.5 mL。

2. 激活过程　取已制备好的叶绿体悬浮液 1 mL（叶绿素含量约为 0.1 mg/mL），加入 1 mL 激活液，于室温在白炽光 50 000 lx 下进行光激活 6 min。

3. 反应过程　取 3 只试管，分别加入上述激活后的叶绿体悬浮液各 0.5 mL，再加入 0.5 mL 的反应液，取 2 管置 37 ℃水浴中（另一管置冰浴中作空白用）

保温 10 min，各加入 0.1 mL 20％的三氯乙酸停止反应。离心后各取上清液 0.3 mL～0.5 mL（取样量按活力大小而改变）供测定 ATP 水解的无机磷用。

4. Ca²⁺ - ATP 酶激活液及反应液配制 激活液：0.25 mol/L Tris - HCl（pH 8.0）0.2 mL、20 mmol/L EDTA - Na₂ 0.2 mL、10 mmol/L ATP 0.2 mL、2 mg/mL 胰蛋白酶 0.2 mL、H₂O 0.2 mL，总计 1.0 mL。反应液：0.5 mol/L Tris - HCl（pH 8.0）0.1 mL、20 mmol/L ATP 0.1 mL、H₂O 0.2 mL、0.05 mol/L CaCl₂ 0.1 mL，总计 0.5 mL。

5. 激活过程 取已制备好的叶绿体悬浮液 1 mL，加入 1 mL 激活液，置 20 ℃水浴中保温激活 10 min，加入牛血清蛋白（10 mg/mL）0.1 mL 停止激活。

6. 反应过程 与 Mg²⁺ - ATP 酶的反应过程相同。

7. 热处理激活 将叶绿体悬浮在 1 mL 含 20 mmol/L Tris - HCl(pH 8.0)、5 mmol/L DTT、20 mmol/L ATP 的激活液中，置 64 ℃水浴中保温 4 min，于自来水冷却后按 Mg²⁺ - ATP 酶反应过程进行分析。

（三）无机磷的测定

取反应后经离心的上清液 0.5 mL 加入 2.5 mL 蒸馏水，摇匀后加入 2 mL 硫酸亚铁-钼酸铵试剂，于室温放置 1 min 后显色即稳定，用分光光度计在 660 nm 下测定吸光度。

四、结果计算

按表 4 - 2 配制不同浓度的无机磷标准溶液，用分光光度计在 660 nm 下测定吸光度。以无机磷浓度作横坐标，所测得的吸光度作纵坐标绘制标准曲线，按下式计算 ATP 酶活力 $[\mu mol/(mg \cdot min)]$：

单位时间内叶绿素的 ATP 酶活力 $=(C \times V_T \times 1\,000)/(V_s \times t \times W)$

式中：C——从标准曲线上查得的无机磷含量（$\mu mol/mL$）；

V_T——反应体积（mL）；

W——叶绿素的质量（mg）；

V_s——测定时取用体积（mL）；

t——反应时间（min）。

表 4 - 2 不同浓度的无机磷酸盐的配制

试剂	无机磷浓度（$\mu mol/mL$）				
	0.1	0.2	0.3	0.4	0.5
0.001 mol/L Na₂HPO₄（mL）	0.1	0.2	0.3	0.4	0.5
H₂O（mL）	2.8	2.7	2.6	2.5	2.4
20％三氯乙酸（mL）	0.1	0.1	0.1	0.1	0.1
硫酸亚铁-钼酸铵试剂（mL）	2.0	2.0	2.0	2.0	2.0

五、思考题

1. 植物组织中 ATP 酶活性与哪些代谢过程密切相关?
2. 无机磷含量为何可以表示 ATP 酶活力?

第七节　作物中 SOD、POD 和 CAT 活性以及 MDA 含量的测定

植物组织中通过多条途径产生 O_2^-、·OH 等自由基,这些自由基具有很强的氧化能力,对许多生物功能分子有破坏作用。细胞内也存在消除这些自由基的多种途径。SOD 是细胞膜脂过氧化作用中氧自由基清除酶系统关键酶之一,其作用是催化细胞膜脂过氧化作用中产生的超氧阴离子自由基,使之发生歧化反应生成 H_2O_2,H_2O_2 再在 CAT 的作用下分解为 H_2O 和 O_2,从而解除或减轻膜脂过氧化作用对细胞膜的损伤。CAT、SOD 和 POD 三者的活性协调一致,使自由基维持在一个低水平上,细胞内自由基的产生和清除处于动态平衡状态,构成了生物体的保护酶系统,以清除体内氧自由基的过多积累对生物膜结构的破坏。但当植物受到逆境胁迫时,植物体内活性氧代谢系统的平衡被打破,O_2^-、H_2O_2、·OH(羟基自由基)等的含量增加,破坏和降低活性氧清除剂如 SOD、POD、CAT 等的结构、活性或含量水平,从而伤害细胞。

自由基伤害细胞的主要途径可能是下列两点:

首先,自由基导致膜脂过氧化作用,SOD 和 POD 活性下降,同时还产生较多的膜脂过氧化物(乙烯、乙烷和丙二醛),膜的完整性被破坏。

其次,自由基累积过多,也会使膜脂产生脱脂作用——磷脂游离和膜结构破坏。膜系统破坏会引起一系列生理生化反应紊乱,最终导致植物死亡。

一、磷酸缓冲液的配制

A 液为 0.2 mol/L 的 KH_2PO_4 溶液,称取分析纯 KH_2PO_4 27.216 g,用蒸馏水定容至 1 000 mL。B 液为 0.2 mol/L 的 K_2HPO_4 溶液,称取分析纯 $K_2HPO_4 \cdot 3H_2O$ 45.644 g,用蒸馏水定容至 1 000 mL。

或 A 液为 0.2 mol/L 的 NaH_2PO_4 溶液,称取分析纯 $NaH_2PO_4 \cdot 2H_2O$ 31.21 g,用蒸馏水定容至 1 000 mL。B 液为 0.2 mol/L 的 Na_2HPO_4 溶液,称取分析纯 $Na_2HPO_4 \cdot 12H_2O$ 71.64 g,用蒸馏水定容至 1 000 mL。

二、酶液的制备

称取 0.5 g 鲜样放入研钵中,加 5 mL pH 7.8 的磷酸缓冲液,冰浴研磨,

匀浆倒入离心管中，冷冻离心 20 min，转速为 10 000 r/min，上清液（酶液）倒入试管中，置于 0 ℃～4 ℃下保存待用。

三、SOD 活性的测定

（一）测定原理

本实验依据超氧化物歧化酶抑制氮蓝四唑（NBT）在光下的还原作用来反映酶活性大小。在有可氧化物存在下，核黄素可被光还原，被还原的核黄素在有氧条件下极易再氧化而产生 O_2^-，O_2^- 可将 NBT 还原为蓝色物质，后者在 560 nm 处有最大吸收。而超氧化物歧化酶作为氧自由基的清除剂可抑制此反应。光还原反应后，反应液蓝色愈深，说明酶活性愈低，反之酶活性愈高。一个酶活单位定义为将 NBT 的还原抑制到对照一半（50%）时所需的酶量。甲硫氨酸（Met）溶液和乙二胺四乙酸二钠（EDTA－Na_2）溶液的作用是与被测项显色，通过紫外比色法，从而计算酶活性的大小。

（二）测定方法

1. SOD 反应液的配制

（1）母液的配制

① 0.05 mol/L 磷酸缓冲液（pH＝7.8）：A 液 21.25 mL＋B 液 228.25 mL 定容至 1 000 mL。

② 130 mmol/L Met（甲硫氨酸）：取 1.939 9 g Met 用磷酸缓冲液定容至 100 mL。

③ 750 μmol/L NBT（四氮唑蓝）：取 0.061 33 g NBT 用磷酸缓冲液定容至 100 mL。

④ 100 μmol/L EDTA－Na_2：取 0.037 2 g EDTA－Na_2 用磷酸缓冲液定容至 1 000 mL，避光保存。

⑤ 20 μmol/L FD（核黄素）：0.007 53 g FD 用磷酸缓冲液定容至 1 000 mL。

（2）SOD 反应液。磷酸缓冲液：Met：NBT：EDTA－Na_2：FD：H_2O 的比例为 15：3：3：3：3：2.5，按母液顺序配制。

2. SOD 活性的测定 取型号相同的试管，吸取 20 μL 的酶液，加入 3 mL SOD 反应液，4 000 lx 照光 30 min；同时另取 4 支试管，吸取 20 μL 缓冲液，加入 3 mL 反应液，其中 3 支做对照，1 支做空白（不加酶液，以缓冲液代替）；空白置暗处，对照（CK）与酶液同置于 4 000 lx 条件下照光 30 min，遮光保存，以空白调零，560 nm 比色。SOD 活性单位以抑制 NBT 光化还原的 50% 为一个酶活性单位表示。

3. 结果计算

SOD 总活性＝$(A_{CK}-A_E) \times V_T/(FW \times 0.5 \times A_{CK} \times V_1)$

SOD 比活性＝SOD 总活性/蛋白质浓度

式中：SOD 总活性以每克鲜重酶单位表示；SOD 比活力单位以酶单位/mg 蛋白表示。

A_{CK}——照光对照管的吸光度；

A_E——样品管的吸光度；

V_T——样液总体积（mL）；

V_1——测定时酶液用量（mL）；

FW——样品鲜重（g）。

四、POD 活性的测定

（一）测定原理

在过氧化酶（POD）催化下，H_2O_2 将愈创木酚氧化成茶褐色产物。此产物在 470 nm 处有最大光吸收值，故可通过测 470 nm 下的吸光度变化测定过氧化物酶的活性。

（二）测定方法

1. 0.1 mol/L pH 6.0 磷酸缓冲液的配制 A 液 219.25 mL＋B 液 30.75 mL，定容至 500 mL。

2. POD 反应液的配制 0.1 mol/L pH 6.0 的磷酸缓冲液 50 mL 于烧杯中，加入愈创木酚 28 μL，磁力搅拌器加热搅拌使之完全溶解，冷却后加入 30% H_2O_2 19 μL 混合，保存于冰箱中。

3. POD 活性的测定 20 μL 酶液＋3 mL 反应液于比色皿中，在 470 nm 下每隔 1 min 读数一次，共读 3 次，计算每分钟吸光度的变化值。

4. 结果计算

POD 活性 $[\Delta A_{470}/(min \cdot g\ FW)] = \Delta A_{470} \times V_T/V_1/FW$

式中：V_T——样液总体积（mL）；

V_1——测定时酶液用量（mL）；

FW——样品鲜重（g）。

五、CAT 活性的测定

（一）测定原理

H_2O_2 在 240 nm 波长下有强烈吸收，过氧化氢酶能分解过氧化氢，使反应溶液吸光度（A_{240}）随反应时间而降低。根据测量吸光度的变化速度即可测出过氧化氢酶的活性。

（二）测定方法

1. CAT 反应液的配制

(1) 0.1 mol/L H_2O_2 溶液：0.568 mL 30% H_2O_2 定容至 100 mL。

（2）0.1 mol/L pH 7.0 磷酸缓冲液：97.5 mL A 液＋152.5 mL B 液，定容至 500 mL。

（3）0.1 mol/L 的 H_2O_2 5 mL＋0.1 mol/L 的 pH 7.0 的磷酸缓冲液 20 mL（即按 1∶4 的比例）混匀，即为 CAT 反应液。

2. CAT 活性的测定　50 μL 酶液＋2.5 mL 反应液，240 nm 下比色，每隔 1 min 读数 1 次，共读数 3 次，计算每分钟吸光度的变化值 ΔA_{240}。

3. 结果计算

$$CAT 活性 [\Delta A_{240}/(min \cdot g\,FW)]=\Delta A_{240}\times V_T/V_1/FW$$

式中：V_T——样液总体积（mL）；

V_1——测定时酶液用量（mL）；

FW——样品鲜重（g）。

六、MDA 含量的测定

（一）测定原理

植物器官衰老或在逆境下遭受伤害，往往发生膜脂过氧化作用，丙二醛（MDA）是膜脂过氧化的最终分解产物，其含量可以反映植物遭受逆境伤害的程度。MDA 从膜上产生的位置释放出后，与蛋白质、核酸反应，从而丧失功能，还可使纤维分子间的桥键松弛，或抑制蛋白质的合成。MDA 是常用的膜脂过氧化指标，在酸性和高温度条件下，可以与硫代酸（TBA）反应生成红棕色的三甲川（3，5，5－三甲基恶唑 2，4－二酮），其最大吸收波长在 532 nm。但是测定植物组织中 MDA 时受多种物质的干扰，其中最主要的是可溶性糖，糖与 TBA 显色反应产物的最大吸收波长在 450 nm，但在 532 nm 处也有吸收。植物遭受干旱、高温、低温等逆境胁迫时可溶性糖增加，因此测定植物组织中 MDA－TBA 反应物质含量时一定要排除可溶性糖的干扰。低浓度的铁离子能够显著增加 TBA 与蔗糖或 MDA 显色反应物在 532 nm、450 nm 处的吸光度，所以在蔗糖、MDA 与 TBA 显色反应中需一定量的铁离子，通常植物组织中铁离子的含量为 100 μg/g DW～300 μg/g DW，根据植物样品量和提取液的体积，加入 Fe^{3+} 的终浓度为 0.5 μmol/L。

（二）测定方法

1. MDA 反应液的配制　0.6％TBA（硫代巴比妥酸），先用少量 1 mol/L NaOH 溶解，再用 10％TCA（三氯乙酸）定容至 100 mL。

2. MDA 的测定　1 mL 酶液＋2 mL 0.6％的 TBA，封口沸水浴 15 min，迅速冷却后再离心，取上清液，在 600 nm、532 nm 和 450 nm 三个波长下比色。

3. 结果计算

MDA 含量（μmol/g FW）$= [6.45\times(A_{532}-A_{600})-0.56A_{450}]\times0.015/W$

或 $[6.45\times(A_{532}-A_{600})-0.56A_{450}]\times0.03/W$

式中：W——取样量（g）。

七、思考题

1. 在 SOD 测定中为什么设照光对照管和暗中空白管？
2. 过氧化氢酶与哪些生化过程相关？

八、参考文献

高俊凤，2006. 植物生理学实验指导 [M]. 北京：高等教育出版社.

李合生，2000. 植物生理生化实验原理和技术 [M]. 北京：高等教育出版社.

孟庆伟，高辉远，2011. 植物生理学 [M]. 北京：中国农业出版社.

王学奎，2010. 植物生理生化实验原理和技术 [M]. 北京：高等教育出版社.

赵世杰，史国安，董新纯，2002. 植物生理学实验指导 [M]. 北京：中国农业科学技术出版社.

邹琦，2000. 植物生理学实验指导 [M]. 北京：中国农业出版社.

第五章　作物逆境生理有关指标的测定

第一节　进出作物活体的离子、分子流速和运动方向测定
——非损伤微测系统

作物体内的不同离子通过离子通道进出细胞所产生的微电流是基因表达、新陈代谢等生命活动的重要体现，在作物的代谢和生长发育、营养吸收以及逆境、胁迫、防御等方面发挥着重要的生理作用。

一、实验目的

掌握非损伤微测技术的测定原理和测试要求，利用 NMT 系统测定进出作物活体的离子/分子流速和运动方向，获得生命活动机理和功能、反映生命活动的信息。

二、实验原理

离子通过离子通道进出细胞所产生的微电流是基因表达、新陈代谢等生命活动的重要体现。现代生理学研究表明，当离子通道开放时，细胞内外的离子/分子顺电化学势梯度进行跨膜扩散。电化学势梯度包括电势梯度和化学势梯度。离子扩散决定于电化学势梯度，分子扩散决定于化学势梯度（浓度梯度）。对离子而言，细胞内外电化学势差（$\Delta\mu$）取决于化学势梯度和电势梯度两项。$\Delta\mu>0$ 时，细胞吸收离子；$\Delta\mu<0$ 时，细胞释放离子；$\Delta\mu=0$ 时，即膜内外离子移动达到平衡时，膜电势差（ΔE）与膜内外离子浓度比的对数成正比，这就是著名的 Nernst 方程。

NMT 技术通过前端灌充液体离子交换剂（Liquid ion exchanger，LIX）的离子选择性电极实现待测离子的选择性测量。图 5-1 以测量 Cd^{2+} 为例来说明 NMT 技术测试原理。选择性电极在待测 Cd^{2+} 浓度梯度中以已知距离 dx 进行两点测量，获得电压 V_1 和 V_2。两点间的浓度差 dc 可通过 V_1 和 V_2 和已知的该电极的电压浓度校正曲线和 Nernst 方程计算获得，将它们带入 Ficks 第一扩散定律公式 $J_0=-D(dc/dx)$ 可计算获得 Cd^{2+} 的流速和运动方向。

　　分子流速测量与离子流速测量除专用流速传感器不同之外，离子流速测量是以电压形式输出，而分子流速测量是以电流的形式输出，二者最终通过数据换算后均为离子/分子流速［pico moles/（cm² · s）］，分子流速测试原理如图 5-2 所示。

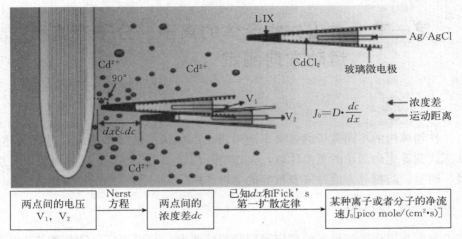

图 5-1　NMT 技术原理（以测量 Cd^{2+} 为例）

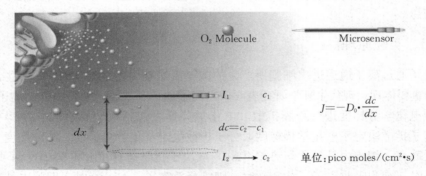

图 5-2　NMT 技术原理（以测量 O_2 分子为例）

三、仪器与试剂

（一）仪器

　　美国扬格公司生产的非损伤微测系统主要由气泵防震、稳压电源、数据采集系统、显微成像系统、极谱控制器（Polarization Controller）、信号处理器（Signal Processor）、运动控制器（Motion Control）、视频转换器（Video Conventor）等部分组成。

气泵防震系统主要是为防震台充气，起到缓冲减震的作用，保证测试操作过程中的稳定性（图5-3）；稳压电源主要是避免不稳定的电压会给设备造成致命伤害或误操作，影响测试；数据采集系统主要是收集数据并对数据进行分析；显微成像系统主要是采集测试样品时的图像；极谱控制器的作用是提供极化电压，控制极谱电极工作；信号处理器的作用是同时采集离子及分子电极信号进行放大，并传输至数据采集系统；运动控制器的作用是控制三维操作平台的三个运动方向，通过驱动器精确控制微电极的运动方向和移动距离；视频转换器的作用是将信号转化为图像，同时控制视频图像的分频与转接（图5-4）。

图5-3　NMT防震固定平台及内部各部件

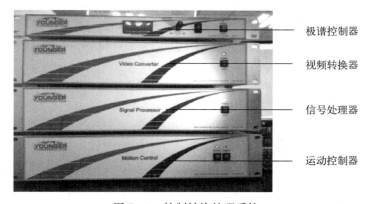

图5-4　控制转换处理系统

（二）试剂

液体离子LIX交换剂（旭月公司），100 mmol/L KCl溶液，3 mol/L KCl溶液，各种离子测试液和校正液配制见表5-1，各种离子的灌充液、离子源配方见表5-2。

表 5-1 各种离子测试液和校正液

离子	种类 测试液成分	校正液（1）成分	校正液（2）成分
H^+	0.1 mmol/L KCl、0.1 mmol/L CaCl$_2$、0.1 mmol/L MgCl$_2$、0.5 mmol/L NaCl、0.3 mmol/L Na$_2$SO$_4$、0.2 mmol/L MES、pH 6.0、0.1%蔗糖（器官）、0.1%甘露醇（细胞）	pH 6.5，其他成分和测试液相同	pH 5.5，其他成分和测试液相同
Ca^{2+}	0.1 mmol/L KCl、0.1 mmol/L CaCl$_2$、0.1 mmol/L MgCl$_2$、0.5 mmol/L NaCl、0.3 mmol/L Na$_2$SO$_4$、0.2 mmol/L MES、pH 6.0、0.1%蔗糖（器官）、0.1%甘露醇（细胞）	0.01 mmol/L CaCl$_2$，其他成分和测试液相同	1 mmol/L CaCl$_2$，其他成分和测试液相同
Na^+	0.1 mmol/L KCl、0.1 mmol/L CaCl$_2$、0.1 mmol/L MgCl$_2$、0.5 mmol/L NaCl、0.3 mmol/L Na$_2$SO$_4$、0.2 mmol/L MES、pH 6.0、0.1%蔗糖（器官）、0.1%甘露醇（细胞）	0.01 mmol/L NaCl，其他成分和测试液相同	5 mmol/L NaCl，其他成分和测试液相同
K^+	0.1 mmol/L KCl、0.1 mmol/L CaCl$_2$、0.1 mmol/L MgCl$_2$、0.5 mmol/L NaCl、0.3 mmol/L Na$_2$SO$_4$、0.2 mmol/L MES、pH 6.0、0.1%蔗糖（器官）、0.1%甘露醇（细胞）	0.01 mmol/L KCl，其他成分和测试液相同	1 mmol/L KCl，其他成分和测试液相同
Cl^-	0.05 mmol/L KCl、0.05 mmol/L CaSO$_4$、0.3 mmol/L HEPES、0.2 mmol/L Na$_2$SO$_4$、pH 6.0、0.1%蔗糖（器官）、0.1%甘露醇（细胞）	Cl$^-$ 浓度 0.25 mmol/L，其他成分和测试液相同	Cl$^-$ 浓度 2 mmol/L，其他成分和测试液相同
NH_4^+	0.1 mmol/L NH$_4$NO$_3$、0.1 mmol/L KCl、0.2 mmol/L CaSO$_4$、pH 6.0、0.1%蔗糖（器官）、0.1%甘露醇（细胞）	0.01 mmol/L NH$_4$NO$_3$，其他成分和测试液相同	1 mmol/L NH$_4$NO$_3$，其他成分和测试液相同
NO_3^-	0.25 mmol/L KNO$_3$、0.625 mmol/L KH$_2$PO$_4$、0.5 mmol/L MgSO$_4$、0.25 mmol/L Ca(NO$_3$)$_2$、pH 6.0、0.1%蔗糖（器官）、0.1%甘露醇（细胞）	0.05 mmol/L Ca(NO$_3$)$_2$，其他成分和测试液相同	0.5 mmol/L KNO$_3$，其他成分和测试液相同
Cd^{2+}	0.1 mmol/L KCl、0.1 mmol/L CaCl$_2$、0.1 mmol/L NaCl、0.5 mmol/L NaCl、0.3 mmol/L MES、0.2 mmol/L Na$_2$SO$_4$、0.1 mmol/L Cd(NO$_3$)$_2$、0.1%蔗糖（器官）、0.1%甘露醇（细胞）	0.05 mmol/L Cd(NO$_3$)$_2$，其他成分和测试液相同	0.5 mmol/L Cd(NO$_3$)$_2$，其他成分和测试液相同

表 5-2　各种离子的灌充液、离子源配方和 LIX 灌充长度

离子	项目		
	灌充液配方	离子源配方	LIX 长度 (μm)
H^+	15 mmol/L NaCl＋40 mmol/L KH$_2$PO$_4$ pH 7.0	1 mL 0.01 mol/L（或 0.1 N）HCl＋9 mL 0.1% LMP Agarose	15～25
Ca^{2+}	100 mmol/L CaCl$_2$	1 mL 1 mol/L CaCl$_2$＋9 mL 0.1%LMP Agarose	15～20
Na^+	250 mmol/L NaCl	1 mL 1 mol/L NaCl＋9 mL 0.1%LMP Agarose	15～25
K^+	100 mmol/L KCl	1 mL1 mol/L KCl＋9 mL 0.1%LMP Agarose	180
Cl^-	100 mmol/L KCl	1 mL 1 mol/L CaCl$_2$＋9 mL 0.1% LMP Agarose	15～25
NH_4^+	100 mmol/L NH$_4$Cl	1 mL 1 mol/L NH$_4$Cl＋9 mL 0.1% LMP Agarose	15～25
NO_3^-	10 mmol/L KNO$_3$	1 mL 1 mol/L KNO$_3$＋9 mL 0.1%LMP Agarose	15～25
Cd^{2+}	100 mmol/L CdCl$_2$	1 mL 1 mol/L CdCl$_2$＋9 mL 0.1% LMP Agarose	15～20
Mg^{2+}	100 mmol/L MgCl$_2$	1 mL 1 mol/L MgCl$_2$＋9 mL 0.1% LMP Agarose	15～20

四、实验步骤

（一）样品制备（以检测小麦根系 Na^+ 流速及运动方向为例）

1. 先将不同实验处理的小麦幼苗（长度 10 cm～15 cm）根部用去离子水冲洗干净备用。

2. 将选取的待测小麦根部放入培养皿中，用专用滤纸片或小石子固定在培养皿底部。

3. 加入 Na^+ 测试液，没过样品 5 mm，使小麦根部在 Na^+ 测试液中平衡 5 min～10 min。

4. 将培养皿置于显微镜视野下，打开显微镜光源，调试显微镜物镜倍数，使样品在显示器中清晰显示，同时将电极置于右下角。

（二）非损伤微测系统基本操作（以测量单个离子为例）

1. 系统运行准备　首先打开电脑主机，然后依次按下信号处理器、运动控制器和视频转换器的 Power 键，并开启气泵确保防震台充气正常。

2. 3 个系统测试软件的运行　双击桌面上的 iFLuxes 软件图标，打开 iF-Luxes 软件；双击桌面 Shortcut to psp. exe 图标，打开 Paint Shop Pro 抓图软件（PSP）；打开 PHMIAS 2008 视频采集软件。

3. 离子选择性微电极的制作　利用微电极制备设备（图 5-5）分别完成电极电解液的灌充和 Holder 中 LIX 试剂的灌充（图5-6），根据测试离子的特性，按照表 5-2 中的标准，微电极吸入合适长度的 LIX，制作完成的微电极如

图5-7所示，然后打磨氯化银丝，安装固定好微电极。

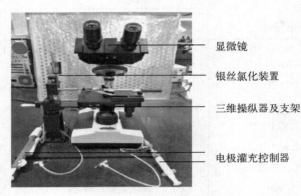

图 5-5　微电极制备设备

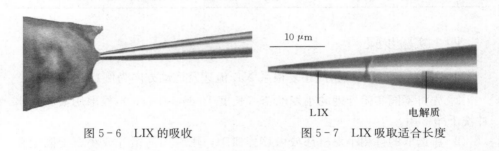

图 5-6　LIX 的吸收　　　　图 5-7　LIX 吸取适合长度

4. 离子选择性微电极的校正

（1）查看电位值是否稳定和基线范围，如果不在基线范围，根据 CHI：XXX. Volts 值，左侧上下两框内设置两数相差 0.1。

（2）设置采样规则，X、Y、Z 三个方向，一般细胞样品选择 dr-10 μm，组织样品选择 dr-30 μm。

（3）读取校正液读数：点击菜单栏 Technique，进入 Calibration 界面，勾选 "Nernst Slope" 和 "Sample for 3 seconds"，勾选 Auto Bath Offset Update，填入校正液 1 的浓度值，点击 Solution 1 读数，可单击多遍，直至 Tip 值小数点后 1 位数值不变。

（4）将参比电极取出，去离子水冲洗干净，用滤纸将表面吸干，将电极和参比电极换到校正液 Solution 2 中，输入浓度值 0.01，可单击多遍，直至数值稳定。

（5）Solution 1 和 Solution 2 校正结束，出现最终的校正斜率。如果斜率在正常范围，单击 OK，保存校正结果。

5. 样品固定及微电极定位　准备两片滤纸，一些小石子，用测试液浸泡，用于样品固定；固定好样品的培养皿放入显微镜下，要求样品图像清晰。在显微镜下，清晰找到组织样品和微电极，直至电极尖端和样品间距离保持 $2\ \mu m$ ~ $5\ \mu m$，并且两者均在同一视野中清晰成像。

6. 正式测量开始　点击菜单栏 Mode，选择 Watch，进入离子流速测定界面。

（1）测试界面 Watch，点击 Sample Rules，离子选择 1，分子选择 3。

（2）初始测量先做空白试验，确保测试数值在基线附近；运行几分钟，确认是否稳定。

（3）单击右上角 Log Entry，弹出对话框，输入字母和数字，对样品做简单标记，点击 OK。在测量时的暂停状态下也可以添加文字记录。

（4）必须勾选测试框上面的"On"，窗口中才显示电位值。

（5）修改"Rotation"，调整合适测定角度。要求电极尖端运动方向垂直于待测点切面。

（6）点击 Record，变为 Record off 后，进入数据记录状态。

（7）通常情况下左侧两个框中分别填写＋10 和－10，并确保中线（灰色线）为零位基线。

（8）点击 Resume，开始样品测定，此时 Resume 变成 Pause。

（9）再次点击 Pause，停止流速测定。测量完毕，点击 Close，关闭此窗口。

7. 结束测量

（1）将微电极从 Holder 上取下，放入废弃罐中，以免腐蚀电极固定架上的银丝。

（2）取下参比电极，用去离子水冲洗干净，滤纸吸水，在 3 mol/L KCl 溶液浸泡保存。

（3）关闭系统控制盒（计算机）、信号处理器、运动控制器、视频转换器等设备电源。

（4）所有显微镜的三维平台螺旋杆都要归位，关闭电源，盖好防尘罩。

8. 结果计算

（1）选择打开离子流速换算表（登录旭月公司网站下载），用 Excel 表打开原始数据。

（2）选择测量离子，从下拉菜单中选择测定的离子类型。

（3）选择电极移动距离，从下拉菜单中选择测定时电极往复运动的距离 dr。

（4）选择斜率值、截距值项，分别从原始数据 Excel 表格中找到，并直接输入或拷贝。

（5）V_0、dV，分别从原始数据 Excel 表格中〔Origin（1）mV 栏、

Origin - X(1)μV] 找到，并直接输入或拷贝粘贴。

（6）直接计算出流速（J）结果，另外可知离子运动方向：阳离子正值为外流，即外排；负值为内流，即内吸。阴离子正值为内流，即内吸；负值为外流，即外排。分子正值为内流，即内吸；负值为外流，即外排。

五、注意事项

1. 打入电极灌充液时，前端空 1 cm，再打入灌充液 1 cm。

2. LIX 长度在某一范围内，可以长一点，但不能短。如 40 μm～50 μm 范围，也可以 60 μm。

3. 氯化银丝前，打磨后的银丝，吹擦掉打磨产生的细屑子。铂丝插在负极（黑头端），银丝插正极（红头端），银丝末端浸入 100 mmol KCl 溶液 1 cm。

4. 测试前最好在空气中找准电极位置（此时图像不显示 LIX 位置），勿在溶液中移动电极，以免 LIX 丢失，找好位置后，松动螺丝整体抬高，待用。

5. 校正时，先放高浓度，此时需找准电极（LIX 显示）；低浓度时，电极 LIX 不需要清楚，只要浸入液面即可。高低校正液浓度最好相差 10 倍，测试液浓度在二者之间。

6. 测试样品前，先测试 Blank 空白液（测试液不放样品），并记下空白 Blank 电位差值。正式测试样品时，随时观察 Sample(mV) 位置的电位值，二者间差异不超过±10。

7. 如果校正斜率正确，且空白和测试的电位值差值不超过范围，说明电极没有问题，测试数据值得信赖。如果测试数据仍然波动大，可能是样品问题。

8. 样品先固定，后加测试液，滤纸在测试液中提前浸泡。

9. 样品扫点时电极移动到根尖顶端，为起点，如果是 100 μm/格，移动几格就是几百微米，所有样品统一标准；电极距离样品 1 mm 左右；电极的运动方向与测试样品的切面垂直，利用 Rotation 调整角度。

六、思考题

1. 制作离子测试电极时，有哪些关键步骤及应注意的问题？

2. 测试前电极校正时，校正液的浓度及不同离子校正标准如何判定？

七、参考文献

本方法中仪器使用部分参考美国扬格（北京旭月）公司提供的《中关村旭月非损伤微测技术（NMT）产业联盟用户手册和产品手册》。

第二节 作物组织中木质素单体的测定
——超高效液相色谱-三重四极杆质谱联用仪

木质素是由苯丙烷结构组成的，根据苯丙烷甲基化的位置不同，分为三种单体结构，分别为松柏醇、芥子醇和香豆醇。这三种醇类在肉桂醇脱氢酶和过氧化物酶的催化作用下能够形成三种单体，分别是G-型木质素（由松柏醇基聚合而成的愈创木基木质素），S-型木质素（由芥子醇基聚合而成的紫丁香基木质素）以及H-型木质素（由香豆醇基聚合而成的对-羟基苯基木质素）。不同类型的木质素功能不同，其中S-型木质素的生物合成为被子植物提供重要的机械支持作用，而G-型木质素主要用于疏导组织而不是机械支撑。

一、实验目的

了解木质素的组成，掌握木质素单体的测定技术，用以指导作物田间施肥及种植密度等栽培措施。

二、实验原理

本实验利用碱性硝基苯氧化的方法来降解木质素，硝基苯具有弱氧化性，它能使木质素发生保留苯核的氧化反应，生成的主要产物有香草醛、紫丁香醛、对-羟基苯甲醛，其结构如图5-8，对应测定这些产物的量可以反映相应木质素中G、S、H型三种木质素结构单元的比例。本测定方法是利用超高效液相色谱-三重四极杆质谱联用仪对降解的木质素单体分离并进行定性和定量分析。

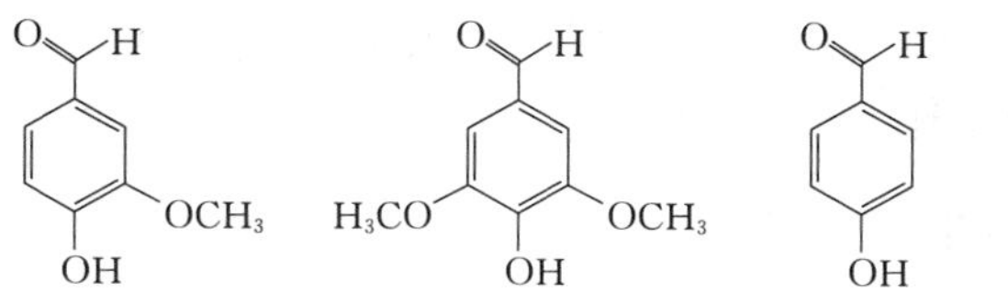

香草醛　　紫丁香醛　　对-羟基苯甲醛

图5-8 木质素三种单体的化学结构

三、仪器与试剂

（一）仪器

1. 超高效液相色谱-三重四极杆质谱联用仪（LC-MS） 以Water公司的

TQ-S型为例。

（1）仪器构成。液质联用仪主要由 UPLC、离子源、离子光学组件、质量分析器、检测器和真空系统组成。具体见图5-9。

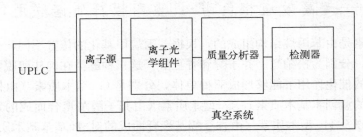

图5-9　超高效液相色谱-三重四极杆质谱联用仪构成

（2）仪器检测原理。待测液被流动相冲入毛细管内，毛细管上带有电压，使液体带电，流动相和化合物离开毛细管时被高温氮气雾化并加速挥发流动相，形成气化的带电化合物。离子源上的锥孔加有锥孔电压，同毛细管电压存在电势差，同时仪器内部为真空状态，将离子引入质谱仪内。进入仪器的离子先经过 TQS Stepwave 的加速聚焦，进入四极杆区域。根据质荷比分离离子。带电离子到达检测器部分，打拿极将离子转换为光子，随后磷光板将光子转换为电子，实现光电转换。电子经过 PMT 的放大，通过网线传输至电脑，软件将得到的信号绘制成谱图。

2. 其他仪器及器皿　烘箱、混合球磨仪、40目筛、50 mL 离心管、超声波清洗机、离心机、漩涡仪、微波消解仪、真空离心浓缩仪和0.22 μm 有机系过滤器。

（二）试剂

NaCl、无水乙醇、色谱纯丙酮、色谱纯氯仿、色谱纯甲醇、硝基苯、NaOH、乙酸乙酯和色谱纯乙腈。

四、实验步骤

（一）样品萃取

1. 称取2 g样品，置于50 mL 离心管中。加入30 mL 50 mmol/L 的 NaCl，漩涡混匀，放入超声波清洗机里超声30 min，在5 000×g 离心力的作用下离心5 min，小心除掉上清液。重复以上步骤2次，以去除样品中的可溶性糖、盐类等水溶性成分。

2. 往沉淀中加入30 mL 无水乙醇，在超声波清洗机中室温超声振荡30 min，离心力5 000×g 离心5 min，小心去掉上清液。重复2次，以去除样品中的醇溶性成分。

3. 往沉淀中加入 30 mL 色谱纯丙酮，在超声波清洗机中超声 30 min，离心力 5 000×g 离心 5 min，除掉上清液（由于丙酮化学性质相对稳定，不容易与植物组分发生反应，不易破坏植物中原有的组分，因此选择丙酮以除去样品中的蛋白质、脂类等成分）。

4. 往沉淀中加入 30 mL 1∶1 的氯仿∶甲醇溶液，超声波清洗机中超声 30 min，离心力 5 000×g 离心 5 min，除掉上清液（由于极性的甲醇与非极性的氯仿混合液能有效地提取结合态的脂类）。

5. 重复 3、4 步骤，所得沉淀放入不超过 50 ℃ 的烘箱烘干备用。

（二）木质素单体的裂解

1. 准确称取 0.02 g 上述烘干的沉淀样品，放入 50 mL 消解罐中。

2. 往消解罐中加入 3 mL 2 mol/L 的 NaOH，0.5 mL 硝基苯，混匀后在微波消解仪中 170 ℃ 加热 1 h。

3. 把样品转移到离心管中，离心力 5 000×g，离心 2 min。样品呈现 3 层，下层为硝基苯，中层为残留样品，上层为溶有木质素单体的水相。

4. 将上层清液转移到新的离心管中，加入 4 mL 乙酸乙酯，漩涡混匀后离心 2 min，吸取 3 mL 上层清液转移到新的离心管中，重复加入 4 mL 乙酸乙酯，漩涡混匀离心后吸取 4 mL 上清液，合并上清液。

5. 利用真空离心浓缩仪蒸干，加入 6 mL 5% 的乙腈水溶液溶解样品，超声波清洗机中超声振荡 1 h，使样品充分溶解。

6. 样品用 5% 的乙腈水溶液稀释 3 倍后过 0.22 μm 有机系过滤器，待上机检测。

（三）标准曲线的建立

标准品均为色谱纯，配制标准品（p - Hydroxybenzaldehyde，Vanillin 和 Syringaldehyde）母液浓度为 100 mg/kg。3 种标准品配制成标准曲线浓度梯度为 1 000 μg/L、500 μg/L、100 μg/L、50 μg/L 和 10 μg/L。

（四）仪器方法的建立及样品检测

1. 新建文件夹　建立文件夹，一个完整的文件夹主要包括液相方法、质谱方法、标准曲线、数据、定量方法、样品计算结果和样品列表。

2. 液相色谱仪的准备　完成液相的排气、灌注过程，使管路中灌注新鲜的流动相。

3. 质谱仪的准备　在菜单栏单击"API"和"CAL"图标，打开氮气（N₂）和碰撞气氩气（Ar），单击"Operate"图标打开高压。

4. 调谐　吸入一定浓度的标准溶液，先给质谱进样器排气，进行母离子扫描，在调谐窗口，根据信号响应情况适当调节跨度、增益值、毛细管电压值和锥孔电压值，直到响应值最大，保存调谐文件，然后通过自动调谐找到离子对。

5. 质谱 MRM 方法的建立 查看自动调谐生成的报告，记录母离子锥孔电压值和子离子对的碰撞能量值，在自动调谐保存的质谱方法中输入校正后的母离子锥孔电压值和子离子碰撞能量值为最终确定生成的质谱方法。

由于 p - Hydroxybenzaldehyde 化学结构只有一个官能团，因此只有一个碎片离子可以进行定性和定量分析。Vanillin 和 Syringaldehyde 分别找到 2 个碎片离子，响应强度高的子离子进行定量分析，响应强度低的子离子进行定性分析。表 5 - 3 为木质素单体检测的质谱方法。

表 5 - 3 木质素单体测定的质谱方法

化合物名称	母离子（m/z）	子离子（m/z）	柱留时间（s）	锥孔电压（V）	碰撞能量（V）	离子模式
p - Hydroxybenzaldehyde	120.968 1	92.107 3	0.062	10	20	ESI⁻
Vanillin	150.968 1	92.063 0	0.062	25	22	ESI⁻
Vanillin	150.968 1	136.028 2	0.062	25	15	ESI⁻
Syringaldehyde	180.962 2	151.068 4	0.062	10	20	ESI⁻
Syringaldehyde	180.962 2	166.024 6	0.062	10	12	ESI⁻

6. 液相方法的建立 使用 UPLC C18 色谱柱（2.1 mm×100 mm, 1.7 μm），流动相 A 为超纯水，流动相 B 为色谱纯乙腈。设置洗脱梯度和洗脱运行时间，洗脱梯度分为 5 个阶段，主要有浓缩阶段、梯度洗脱阶段、清洗阶段、梯度下降阶段和平衡阶段。设置流动相的洗脱梯度，使 3 种单体化合物能够分离开并具有一定强度的色谱峰和标准峰型。详细洗脱梯度见表 5 - 4。

表 5 - 4 木质素单体测定的液相方法

序号	时间（min）	流速（mL/min）	A 水（%）	B 乙腈（%）
1	—	0.5	95	5
2	0.5	0.5	95	5
3	3.0	0.5	75	25
4	3.5	0.5	10	90
5	4.0	0.5	10	90
6	4.1	0.5	95	5
7	6.0	0.5	95	5

7. 建立样品列表　在样品表中输入样品信息，导入已建立的质谱方法、调谐方法和液相方法，填写样品瓶位置、进样体积、样品类型、标准品浓度等多项信息。

8. 采集数据　先将液相方法平衡，在样品列表中选中要采集的样品行，运行后开始进样并采集。显示色谱图如 5 - 10。

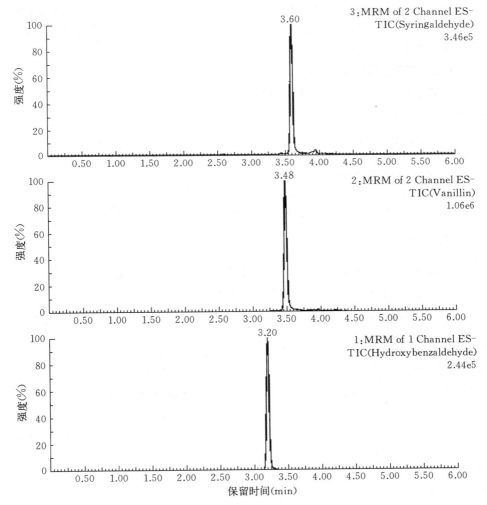

图 5 - 10　木质素 3 种单体的色谱图

（五）建立数据处理方法

1. 定量离子对设置　在标准品色谱图中选出信号比较大的离子对作为定量离子对，用鼠标右键在定量离子对色谱峰图上拉一下，相关信息自动输入到定量方法中。在标准曲线设置页面输入浓度单位和标准品浓度。

2. 定性离子对设置　在标准品色谱图中选出信号稍弱的离子对作为定量离子对，用鼠标右键在定性离子对色谱峰图上拉一下，相关信息自动输入到定性方法中。

（六）建立标准曲线方法

在样品列表的样品类型一列选择标准品，在标准品浓度一列填入相应的浓度，选中全部标准溶液行并运行，运行方法中选择已保存的化合物定量数据处理方法，运行后即出现标准曲线的最终结果。

（七）数据结果处理

计算测试样品结果只需调用标准曲线方法和数据定量方法即可定量计算结果。

五、注意事项

1. 流路中的超纯水（水相）需要天天更换。
2. 样品检测完毕，要先将高压卸掉，关掉气源。
3. 仪器闲置一段时间再使用，各流路中的试剂要重新更换。

六、思考题

1. 木质素单体有哪几种类型，分别对作物具有什么功能？
2. 进行样品测试前，为什么要平衡液相方法？

七、参考文献

Anderson NA，Tobimatsu Y，Ciesielski PN，et al，2015. Manipulation of guaiacyl and syring monomer biosynthesis in an Arabidopsis cinnamyl alcoholdehydrogenase mutant results in atypical lignin biosynthesis and modifed cell wallstructure [J]. The Plant Cell，27：2195－2209.

Li M，Pu Y，Ragauskas AJ，2016. Current understanding of the correlation of lignin structure with biomass recalcitrance [J]. Frontiers in Chemistry，doi：10. 3389.

第三节　作物组织中木质素含量的测定

——分光光度计

木质素广泛存在于作物体内，是植物细胞壁的重要组成成分，是一种无定形的、分子结构中含有氧代苯丙醇或其衍生物结构单元的芳香性高聚物。由于大量的木质素存在于作物的茎秆，使得茎秆发生木质化，具有一定的刚性，能够维持极高的硬度，起到机械支撑和水分营养输送作用。小麦茎秆主要由纤维素（30％～40％）、半纤维素（20％～30％）、木质素（10％～20％）等成分组成，木质素的积累量与茎秆机械强度密切相关，进而影响茎秆的抗倒伏能力，茎秆抗折能力强的品种，其茎秆的木质素积累量相对较高。水稻的基部茎秆木质素积累量与茎秆的抗折能力也具有一定的相关性，木质素积累量高则茎秆的机械强度大。茎秆抗折能力强的油菜材料木质素积累量明显高于抗折能力弱的材料，且差异具有显著性。在大田生产中，为了增加群体生物量进而提高产量，常采用增加氮肥施用量及群体密度的措施。然而过施氮肥和群体密度过大常会造成分蘖过多，破坏群体结构，茎秆细弱，机械强度及韧性下降，容易发生倒伏，最终造成严重减产。细胞壁中的木质素对评价茎秆质量具有重要作用。因此，木质素含量的测定，对于研究不同品种的遗传背景差异造成的茎秆质量的不同以及不同的栽培措施调控作物茎秆的质量来影响其抗倒伏性能具有十分重要的理论和实践意义。

一、实验目的

掌握木质素总量的测试方法，及时了解不同栽培措施对木质素含量的影响。

二、实验原理

木质素是由苯丙烷类基本结构单元组成的芳香族大分子化合物，其在200 nm～300 nm 间有很强的紫外特征吸收峰，测定溶液在 280 nm 处的吸光度最大。

三、仪器与试剂材料

1. 仪器　紫外-可见分光光度计、超低温冰箱、离心机、烘箱、水浴锅、天平、研钵和 10 mL 离心管。

2. 试剂　乙醇、正己烷、溴乙酰、冰醋酸、氢氧化钠和盐酸羟胺。

3. 材料　材料以小麦为例，选用具有质量差异的小麦茎秆。

四、实验步骤

（一）取样

在大田条件下，每个处理小区取生长一致的单茎 25 株，剪取基部第二节间迅速放入液氮中速冻，取回的样品放入－80 ℃超低温冰箱中进行保存。

（二）样品的提取

1. 取一定量的鲜样样品放于研钵中，立即加入液氮，快速研磨成粉状。

2. 称取 100 mg 粉状样品放入 10 mL 离心管中，加入 8 mL 95％的乙醇提取叶绿素，混合均匀并浸提过夜，5 000 r/min 离心 5 min，去掉上清液。

3. 往沉淀中加入 8 mL 正己烷：乙醇＝2：1 的混合溶液，混匀浸提 12 h，5 000 r/min 离心 5 min 弃上清液，重复 2 次。最后沉淀置于烘箱中 50 ℃烘干至恒重。

4. 干燥物中加入 2.5 mL 25％的溴乙酰冰乙酸，拧好盖子后混匀，将离心管置于水浴锅中 70 ℃保温 30 min，期间进行摇晃混匀。

5. 冷水中快速冷却后加入 0.9 mL 2 mol/L 的氢氧化钠终止反应，混匀后加入 100 μL 7.5 mol/L 的盐酸羟胺，混匀，最后加入 4 mL 冰乙酸，混匀，5 000 r/min 离心 5 min。

6. 吸取上清液 100 μL，加入 3.9 mL 冰乙酸，混匀后待测定。

（三）样品的测定

将待测液注入石英比色杯，分光光度计波长设为 280 nm，测定溶液的吸光度。

（四）结果计算

木质素的含量表示为单位质量鲜样每毫升溶液在 280 nm 处的吸光度 [A_{280}/(mL·g FW)]来表示。

五、注意事项

1. 选取的样品要具有代表性，不同的作物选取的部位不同。
2. 样品比色时，如果吸光度大于 1，建议稀释后重新测定。

六、思考题

木质素对作物的生长发育有何作用？

七、参考文献

卢昆丽，尹燕枰，王振林，等，2014. 施氮期对小麦茎秆木质素合成的影响及其抗倒伏生理机制 [J]. 作物学报，40(9)：1686 - 1694.

郑孟静，2017. 不同小麦品种抗倒性能差异的内在机制及其对氮密互作的调控响应 [D]. 泰安：山东农业大学.

Lindedam J，Andersen SB，De Martini J，et al，2012. Cultivar variation and selection potential relevant to the production of cellulosic ethanol from wheat straw [J]. Biomass and Bioenergy，37：221－228.

　　Peng DL，Chen XG，Yin YP，et al，2014. Lodging resistance of winter wheat(*Triticum aestivum* L.)：Lignin accumulation and its related enzymes activities due to the application of paclobutrazol or gibberellin acid [J]. Field Crops Research，157：1－7.

第四节　作物抗倒伏性能测定方法

——茎秆强度测定仪

　　作物倒伏是由外界因素引发的作物植株茎秆从自然直立状态到永久错位的现象。倒伏是作物生产中普遍存在的问题，已成为高产稳产的重要限制因素之一。倒伏可使作物的产量和质量降低，收获困难。小麦、水稻严重倒伏时，产量甚至可降低50％以上。倒伏大多发生在作物生育的中后期。稻、麦等谷类作物拔节后倒伏愈早，损失愈大。根系、茎秆抗倒伏性状的强弱，既与品种特性有关，也与施肥、灌水和种植密度等栽培措施有关。施用氮肥和灌水过多或时期不当，会引起徒长，使茎秆的支持力减弱；种植密度过大则根系弱小，导致作物抗倒伏能力降低。

　　为了进一步对抗倒伏性不同的材料进行分析，采用力学量化测定是研究者们常用的方法。分别针对茎秆和根系设计了许多方法。

一、茎秆硬皮穿刺强度

　　茎秆硬皮穿刺强度用浙江托普仪器有限公司生产的 YYD－1 型茎秆强度测定仪，将一定横断面积（如 $0.01~cm^2$）的测头，在茎秆节间中部垂直于茎秆方向匀速缓慢插入，读取穿透茎秆表皮的最大值。3 次重复取平均值。

二、茎秆弯曲性能

　　用 YYD－1 型茎秆强度测定仪，将茎秆平放在测定仪的凹槽内，迅速压下使茎秆弯曲，读数，3 次重复取平均值。

三、茎秆显微结构

　　各处理选取 4 个主茎，取茎秆地上第 3 节上中部约 1.5 cm 长用卡诺固定，70％乙醇保存。采用徒手切片，番红染色，使用 OLYMPUSBX51 荧光显微镜摄像系统观察茎秆内维管束结构，并照相；计算各处理平均单株大、小维管束数目；同时用测微尺测量皮层厚度和维管束内部厚壁细胞厚度。

四、根强度的测定

Miyasaka(1969）提出的根强度测定法简而易行，可应用于多种作物根系强度的测量。利用一种专用的带游标的弹簧秤，将取样的作物根剪成 5 cm 长，把两端对齐地捏在大拇指和食指之间，挂在弹簧拉勾上，记录游标刻度，而后拉动弹簧，当根拉断时游标立即停止，根据游标位置读出根系断开时的负荷（即根强度）。

五、茎秆和根强度测定的时期及部位

国外研究测定茎秆强度常选的部位是根以上的第二（或三）个伸长节中部，时期为乳熟期或吐丝盛期过后 35 d，也有在即将开花前测定的。国内多选茎基部第三节间中部，时期在乳熟至蜡熟期（成熟前）。关于茎秆解剖特征或化学组成的研究，选地上部第二伸长节及相邻的两个节间，或穗下节间乃至整株，时间多选生理成熟期或采收前。

六、参考文献

北条良夫，1983. 作物的形态与机能 [M]. 郑丕尧，译. 北京：农业出版社.

刘唐兴，管春云，雷冬阳，2007. 作物抗倒伏的评价方法研究进展 [J]. 中国农学通报，23(5)：203 - 206.

施海涛，2016. 植物逆境生理学实验指导 [M]. 北京：科学出版社.

第五节　作物体内游离脯氨酸含量的测定
——分光光度计

植物在正常条件下，游离脯氨酸含量很低，但遇到干旱、低温、盐碱等逆境时，游离脯氨酸便会大量积累，并且积累指数与植物的抗逆性有关。因此，脯氨酸含量可作为植物抗逆性的一项生化指标。

一、实验原理

采用磺基水杨酸提取植物体内的游离脯氨酸，不仅大大减小了其他氨基酸的干扰，快速简便，而且不受样品状态（干或鲜样）限制。在酸性条件下，脯氨酸与茚三酮反应生成稳定的红色缩合物，用甲苯萃取后，此缩合物在波长 520 nm 处有最大吸收峰。脯氨酸浓度的高低在一定范围内与其吸光度成正比。

二、测定方法

（一）试剂配制

0.6 g 磺基水杨酸，定容至 200 mL；酸性茚三酮（现配）：3.75 g 茚三酮＋90 mL 冰醋酸＋36 mL 蒸馏水；脯氨酸标准液：称取 25 mg 脯氨酸，蒸馏水溶解后定容至 250 mL，其浓度为 100 μg/mL。再取此液 10 mL 用蒸馏水稀释至 100 mL，即为 10 μg/mL 的脯氨酸标准液。

（二）制作标准曲线

取 7 支 25 mL 具塞试管，编号。分别向各管准确加入脯氨酸标准液（每毫升含脯氨酸 10 μg)0、0.2 mL、0.4 mL、0.8 mL、1.2 mL、1.6 mL、2.0 mL，再用蒸馏水将体积补至 2 mL，摇匀，配成分别含 0、2 μg、4 μg、8 μg、12 μg、16 μg、20 μg 脯氨酸的标准系列。再向各管加入冰醋酸和酸性茚三酮各 2 mL。摇匀后，在沸水浴中加热显色 30 min，取出后冷却至室温，向各管加入 5 mL 甲苯，充分摇动，以萃取红色产物。萃取完成后（避光静置 4 h 以上），待完全分层后，用吸管吸取甲苯层，用分光光度计在 520 nm 波长下测定吸光度，以脯氨酸含量为横坐标，吸光度为纵坐标，绘制标准曲线。

（三）脯氨酸提取

0.3 g 叶片，加入 5 mL 磺基水杨酸，加盖，沸水浴 10 min，过滤。

（四）测定

吸取滤液 2 mL（同时作空白，吸取 2 mL 蒸馏水）、2 mL 冰醋酸和 3 mL 酸性茚三酮，沸水浴 40 min，冷却，加入 5 mL 甲苯，充分振荡，静止分层，取上层甲苯溶液于比色皿中，520 nm 下比色。

三、结果计算

$$脯氨酸含量（\mu g/g\ FW）=(C \times V/Va)/W$$

式中：C——查标准曲线所得提取液中脯氨酸浓度（μg/mL）；

　　　V——提取液总体积（mL）；

　　　Va——测定所取提取液体积（mL）；

　　　W——取样量（g）。

四、思考题

1. 植物体内游离脯氨酸测定的意义？

2. 当改变萃取剂时，比色应做哪些改变？如何选择最适波长？如何选择最佳萃取剂？

第六章　同位素示踪技术在作物生理研究中的应用

第一节　作物不同器官 $\delta^{13}C$ 值的测定
——稳定性同位素比质谱仪

作物生长过程中，绿色叶片进行光合作用合成碳水化合物，碳水化合物不断向植株的生长中心运转，农作物全部干物质约有 95% 来自光合作用，只有大约 5% 来自根系吸收的矿物质。作物经济产量的高低，与光合产物的运转、分配密切相关。栽培作物的目的主要是获得较高的产量，因此，在尽可能地提高光合物质生产能力的同时，还必须促进光合产物向籽粒中的运转，提高干物质在籽粒中的分配比例。定量地研究作物在整个生育期内固定、同化二氧化碳，光合产物在作物体内的运转、分配和再利用，从整体水平上把握作物的碳素营养动态，稳定性同位素 ^{13}C 示踪技术被认为是一个有效的手段。

由于 ^{13}C 为稳定性同位素，存在于自然界而无辐射污染，因此利用元素分析仪-同位素比质谱仪联用技术（EA-IRMS）测定稳定性同位素 ^{13}C 标记的作物各器官 $\delta^{13}C$ 值，是研究光合产物在作物不同器官中运转、分配和再利用情况的有效手段。在作物生长过程中，碳水化合物不断向植株的生长中心运转，通过对光合产物的标记和示踪，就可得到不同器官光合产物的分配比例和运转方向。在作物特定生育时期对整株或单一光合器官进行 $^{13}CO_2$ 标记，经过光合固碳产生 ^{13}C 标记的碳水化合物，在标记后通过不同生育时期取样测定作物各器官的 $\delta^{13}C$ 值，并计算得出不同器官中标记的 ^{13}C 占该器官总碳的百分比，从而计算出不同器官中标记 ^{13}C 的积累量，进一步计算不同器官中的标记 ^{13}C 占植株总标记 ^{13}C 的比例。这样就可以分析整株或某一特定光合器官在特定生育时期生产的光合产物经过运转后在作物各器官的分配比例，分析作物在不同生育时期的生长中心或不同光合器官的光合产物的运转方向，以及不同器官的光合产物对作物产量的贡献，由此指导优化栽培管理措施，调控光合产物的运转和分配，从而实现作物高产稳产。

一、实验目的

学习应用元素分析-同位素比质谱法检测 ^{13}C 标记后的作物不同组织器官 $\delta^{13}C$ 值的测定方法，为研究光合产物在作物体内的运转分配提供技术支持。

二、实验原理

先将固体样品包入锡囊后称重，再放入自动进样器的样品盘内。分析开始后，自动进样器将样品送入至燃烧管（950 ℃）内。在填有催化剂的燃烧管内暂时的富氧条件下样品充分燃烧，碳组分和氮组分分别生成 CO_2 和氮氧化物，燃烧产物随流速恒定的载气 He 载入还原反应管，最后生成的 CO_2、N_2 进入解析附柱。解析附柱可将混合气中的 CO_2 进行物理吸附，通过对解析附柱的温度控制，再将所吸附的 CO_2 释放出来。解析出的 CO_2 通过热导检测器（TCD），然后从元素分析仪尾部进入质谱仪。样品中的碳同位素比值经过已知组成的参考气的脉冲峰校准后最终测得 $\delta^{13}C$ 值。

$\delta^{13}C$ 值的表达式为：

$$\delta^{13}C = \left(\frac{R_{样品}}{R_{标准}} - 1\right) \times 1\,000‰$$

式中：$R_{样品}$、$R_{标准}$ 分别为样品、国际标准物质中 ^{13}C 与 ^{12}C 的丰度比（$^{13}C/^{12}C$）。

三、仪器与试剂材料

1. 仪器 稳定性同位素比质谱仪、混合球磨仪、百万分之一电子天平和锡囊（6 mm×4 mm）。

2. 试剂 蔗糖标准物质（IAEA - CH - 6，$\delta^{13}C_{PDB} = -10.40‰$，国际原子能机构）；乙酰苯胺、铬酸铅、氧化铜、高纯还原铜、高氯酸和 $Ba^{13}CO_3$；高纯 He、高纯 O_2 和高纯 CO_2 浓度均为 99.999%。

3. 测定材料 同位素 ^{13}C 标记大田种植条件下的作物植株各器官样品。

四、实验步骤

（一）样品采样与预处理

1. 样品的制备 在作物生长特定时期特定部位进行同位素 ^{13}C 的标记，如小麦开花期的旗叶，在成熟期取样测定各器官 $\delta^{13}C$ 值。标记方法是用 $Ba^{13}CO_3$ 和高氯酸反应获得 $^{13}CO_2$，并将气体收集于封闭的橡胶球中。于天气晴朗、通风良好的上午 9:00～11:00，将连续 4～5 株小麦各茎旗叶用封口袋套住，并在叶片与茎秆连接处密封，用注射器取 3.5 mL $^{13}CO_2$ 注入封口袋内，用胶带封口。光合反应 30 min 后取下封口袋，待小麦成熟后沿地表剪断茎秆取样，并将样品分为籽粒、茎鞘、叶片和颖壳四部分，烘干后，采用混合球磨仪将样品粉碎，过 100 目筛后待测。

2. 称量样品 称取一定量的样品，作物样品一般称取 4 mg，样品加入锡囊后，将锡囊用镊子夹紧并折叠几次，压紧，最好制成一个球状，在折叠时特别注意不要弄破锡囊，否则会造成样品损失。样品包成球状，不仅可以确保样品完全包裹在锡囊里，同时有助于随后的燃烧反应，另外球状体也可以防止样品卡在自动进样器中，引起仪器停止运行。

（二）仪器条件

质谱仪（以英国 Isoprime 公司产 Isoprime100 为例）的参考气压力为 0.1 MPa（10 psi），He 流速为 10 mL/min；元素分析仪载气 He 流速为 200 mL/min，压力为 0.13 MPa（1 300 mbar）；加氧流速 45 mL/min，加氧时间为 90 s；TCD 温度为 60 ℃；吸附-解吸柱温度为 210 ℃。

（三）元素分析仪的准备工作

通常测定作物样品 200 个左右则须更换干燥管、还原管中的试剂，同时清理燃烧管中的灰分。取管前，仪器处于维护状态，把连接炉子和仪器顶部的两个夹子取下，向右扳燃烧管接头，向下压一下，用力向外拉出炉子，将还原管、燃烧管和干燥管取下，按下图填装好相应试剂后，放回炉内，将炉子推回，接好各接头。按图 6-1 所示及表 6-1 所列试剂进行装填。

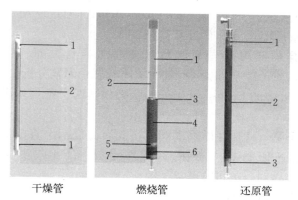

干燥管　　　　燃烧管　　　　还原管

图 6-1　干燥管、燃烧管和还原管的填充示例

注：图中数字含义同表 6-1。

表 6-1　各管中装填试剂及高度

序号	干燥管	燃烧管	还原管
1	滤棉 10 mm	燃烧管	银棉 20 mm
2	带指示剂的 P_2O_5 291 mm	灰分管，底部填充 Al_2O_3 棉	铜 296 mm
3		刚玉球 3 mm	石英棉 5 mm
4		氧化铜 105 mm	
5		石英棉 10 mm	
6		铬酸铅 20 mm	
7		石英棉 15 mm	

（四）仪器操作步骤

1. 开启仪器 打开质谱仪电源开关，打开空气压缩机，当其出口压力为 55 psi 时，打开机械泵电源，等待 1 min 后逆时针旋转机械泵隔离阀。打开计算机，双击 Ionvantage 图标，出现 4 个窗口。在 IsoPrime Tune Page 窗口下，选择 Instrument - pumping，开启分子泵。

2. 查看真空值 待分子泵运行几分钟后，确认分子泵转速达到 100%，高真空开始有显示值（IP High Vac）。等待过夜后，真空值达到最佳水平。最后确认真空值 High Vac 小于 2×10^{-7} mbar，Low Vac 小于 3×10^{-2} mbar，方可进行检测。

3. 准备气体 打开 He、O_2 及 CO_2 钢瓶总阀，调节减压阀，通常 O_2 出口压力为 0.2 MPa，其他气体出口压力为 0.4 MPa。

4. 元素分析仪的准备 打开元素分析仪右侧开关，双击 Vario Micro 软件。

5. 进行系统检漏测试 首先查看 Press 值在 1 200 mbar 左右，MFC TCD 和 FLOW He 均达到 200 mL/min 左右。根据提示进行检漏。检漏通过后，查看元素分析仪参数里 Comb. tube、Reduct. tube、Ach. col. standy 和 Ads. col. cooltemp 的温度是否达到 950 ℃、550 ℃、40 ℃和 90 ℃。

6. 打开进样隔离阀 先确认参考气进样器上的 He 的流量达到要求（200 mL/min）；离子源 Source On 处于关闭状态；元素分析仪上的 He 达到要求；Inlet Method 中的 Dilutor 处于开的状态。这四个条件均满足后方可旋开黄色阀。

7. 打开离子源 打开进样隔离阀后，观察高低两个真空值是否降到正常水平。通常情况下 IP High Vac 在 3×10^{-6} mbar～5×10^{-6} mbar，IP Low Vac 小于 5×10^{-2} mbar 时，方可打开离子源。

8. 建文件夹 点击 Projects - Project Wizard，在弹出窗口中输入 Project 名称，选择 Create using current project as template，则所有的样品信息（包括仪器参数、测量峰型、计算结果、样品分析结果列表等）均包括在该文件夹下面。在 Sample list 中需要输入样品名称和样品重量，选择相应的质谱控制程序和数据分析程序。

9. 系统背景检查 如果系统漏气或者是参考气进样针阀出现故障，均会造成系统背景升高。因此在质谱仪参考气压力为 10 psi、He 流速为 10 mL/min 条件下，首先对系统进行背景扫描，观察各个质量数（mass 18，mass 28，mass 32，mass 40，mass 44）的信号强度，如图 6 - 2 显示，所有质量数的信号强度均很低，表明系统本底很低，系统背景正常。

10. 峰中心扫描 随着时间和环境状态的改变，每个质量数对应的磁场或

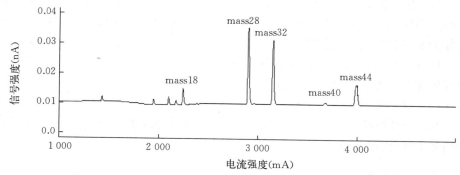

图 6-2　EA-IRMS 系统的背景扫描结果

加速电压有可能发生微小的偏移。因此在测试样品前，为了保证质谱仪离子束处于最优化的状态，必须进行峰中心扫描。进行峰中心扫描时，优化了加速电压，优化后的结果要保存。

11. 质谱仪稳定性测试　进行样品测定前，要保证空白样品产生的峰面积已经稳定，如果峰面积不稳定则会对结果产生很大影响。因此连续通入 10 组 CO_2 标准气进行空白测定，测得标准气 CO_2 的同位素比值 45/44 平均值标准偏差≤0.06‰，才表明空白样品产生的峰已经稳定，EA-IRMS 仪器稳定性可靠，如图 6-3。

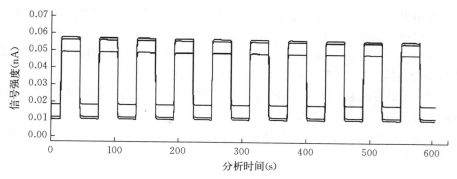

图 6-3　EA-IRMS 系统的稳定性测试结果

12. 质谱仪线性的测试　在质谱仪正常的动态检查范围内，测得的同位素比值应该恒定，不会随着信号强弱的变化而改变，只有这样才能确保对不同样品进行分析时获得准确的同位素结果。测试时在进样过程中改变参考气进样器上相对应的参考气压力，使每个参考气峰都具有不同的信号高度。同位素信号在 $1×10^{-9}$ A～$1×10^{-8}$ A 范围内，线性指标小于 0.02‰/nA 方能满足测定要求。

13. 样品测定　测试前准备好标准样品（STD_1）一个，另将实验室内某一性质稳定的实际样品作为标准样品（STD_2）粉碎，混合均匀，用此两个样品作为实验分析过程质量监控的标准物质。测试时，首先分析空白样品 3～6 个，确保整个分析系统背景值下降到理想的程度；然后分析标准样品 3 个，确保仪器工作开始时的状态；以后每连续分析 10 个样品后插入 STD_1 和 STD_2 各 1 个，进行质量控制，监控系统的长期稳定性。

14. 查看样品结果　打开数据文件夹，双击生成的批处理文件，即可查看测得的 $\delta^{13}C$ 值和全碳含量。

五、注意事项

1. 样品粉碎必须达到一定的细度，才能保证样品具有代表性，数据重复性好。

2. 如果元素分析仪出现异常，先关闭隔离阀，以保护质谱仪。

六、思考题

1. 测定 ^{13}C 标记作物不同器官材料 $\delta^{13}C$ 值对作物生理研究有何意义？

2. 开质谱仪上的进样隔离阀前有哪些注意事项？

七、参考文献

谷淑波，代兴龙，樊广华，等，2016. 稳定性同位素 ^{13}C 标记小麦植株 δ^{13} C 值的检测方法研究 [J]. 核农学报，30(4)：770－775.

李利利，张吉旺，董树亭，等，2012. 不同株高夏玉米品种同化物积累转运与分配特性 [J]. 作物学报，38(6)：1080－1087.

尹云锋，杨玉盛，高人，等，2010. 植物富集 ^{13}C 标记技术的初步研究 [J]. 土壤学报，47(4)：790－793.

于振文，2013. 作物栽培学各论：北方本 [M]. 北京：中国农业出版社.

第二节　作物不同器官 $\delta^{15}N$ 值的测定

——稳定性同位素比质谱仪

　　氮是影响作物产量的重要矿质元素，不仅是组成蛋白质、磷脂、核酸的主要成分，还是维生素、叶绿素、某些植物激素的成分，氮素的多寡会直接影响细胞的分裂和生长。为了提高作物的产量，人们在作物种植过程中施入大量的氮肥，但是氮肥活性强，在施入土壤经过转化后，除了被作物吸收和土壤固持外，相当一部分氮会通过氨挥发、硝化、反硝化以及径流和淋溶等途径损失掉，不仅氮素利用率偏低，同时还会造成地下水体污染。

适量施入氮肥可使作物获得较高的产量，且不同施肥量、施肥时期和施肥方法均会影响作物的产量和品质，由于^{15}N属于稳定性同位素，无放射性，存在于自然界而没有辐射污染，因而可以定量化地研究作物在整个生育期内吸收运转氮素情况，从整体上把握作物的氮素营养动态。稳定性同位素^{15}N示踪技术被认为是一种有效的手段，EA-IRMS法为同位素^{15}N的准确检测提供了有效的保障。

一、实验目的

掌握利用元素分析仪-同位素比质谱仪联用技术对大田栽培条件下，^{15}N标记氮肥施入后采集的作物不同器官材料$\delta^{15}N$值的测试方法，以期为研究作物生长发育过程中氮素的运转吸收利用情况提供有效的技术支持。

二、实验原理

将粉碎过筛后的样品包入锡杯称重，再依次放入元素分析仪上的样品盘内。待仪器稳定后开始分析样品，自动进样器会依次将样品送入温度为950 ℃的燃烧管内。在燃烧管内暂时的富氧条件下样品和锡囊均发生融化、燃烧，燃烧产物随流速恒定的载气He通过氧化催化剂，氧化产物通过随后的还原反应管。还原管中的线状铜将氮氧化物（NO、N_2O和N_2O_2）还原成N_2，将SO_3还原成SO_2，并且将多余的氧气吸收。挥发性的卤素化合物则被位于还原管上方的银丝层吸收。经过还原管后生成的CO_2、N_2和SO_2进入解析附柱。通过对解析附柱的温度控制，先将N_2气释放出来，然后从元素分析仪尾部进入质谱仪。样品中的氮同位素比值经过已知组成的参考气的脉冲峰校准后最终测得$\delta^{15}N$值。$\delta^{15}N$值的表达式为：

$$\delta^{15}N = \left(\frac{R_{样品}}{R_{标准}} - 1 \right) \times 1\,000‰$$

式中：$R_{样品}$、$R_{标准}$分别为样品、国际标准物质中^{15}N与^{14}N的丰度比（$^{15}N/^{14}N$）。

三、仪器与试剂材料

1. 仪器　稳定性同位素比质谱仪（Isoprime100，Elementar UK）和元素分析仪（vario MICRO cube，Elementar UK）。质谱仪软件是Ionvantage，元素分析仪部分配有120位固体自动进样器。百万分之一天平、混合球磨仪和鼓风干燥箱。

2. 试剂材料　锡杯6 mm×4 mm；硫酸铵标准物质（IAEA-N-2，δ^{15}

$N_{PDB}=20.343‰$，国际原子能机构）；乙酰苯胺；铬酸铅、银丝、氧化铜、高纯还原铜；高纯 He、高纯 O_2 和高纯 N_2 气体浓度均为 99.999%；^{15}N - 尿素。

3. 测定材料 ^{15}N 标记大田试验条件下的冬小麦植株样品及未标记样品。

四、实验步骤

（一）样品采集与预处理

1. ^{15}N 的标记 以冬小麦为例，在田间，于小麦出苗后 10 d，在某一处理小区内用土钻取土至标记深度，将 10 mL 已含 ^{15}N - 尿素的去离子水溶液随 PVC 管注射至一定的土层，再用 30 mL 去离子水分 3 次冲洗容器及 PVC 管，然后将之前所取出的土壤按原有层次回填，轻轻压实。田间各个处理内的肥料、灌水等田间管理均要与大田试验一致。

2. 样品的收集与处理 待小麦成熟后，将小麦植株沿地表剪断，分为籽粒、颖壳＋穗轴、叶片和茎鞘 4 部分，放入样品袋内，于鼓风干燥箱内烘干至恒量，用球磨仪粉碎样品，过 100 目筛后直接称取 4 mg 用于测定。

（二）仪器准备

1. 测试条件的设定 稳定性同位素比质谱仪参考气压力设为 0.1 MPa，He 流速设为 10 mL/min；元素分析仪载气 He 流速设为 200 mL/min，压力为 0.13 MPa；设置加氧流速为 40 mL/min，加氧时间为 90 s；热导检测器（TCD）温度为 60 ℃；解吸柱温度为 210 ℃。

2. 仪器准备 开机预热后，要首先检查稳定性同位素比质谱仪的真空值。当真空值 High Vac 小于 $2×10^{-11}$ MPa，Low Vac 小于 $3×10^{-6}$ MPa 时，说明仪器达到理想水平，然后再依次进行仪器的检漏测试、系统背景检查、N_2 峰中心扫描、N_2 参考气稳定性和线性测试。

（1）系统的检漏测试。由于测试前需要更换各种试剂，因此，更换完成后要对系统进行检漏。首先查看 Press 在 1 200 mbar 左右，MFC TCD 和 FLOW He 均达到 200 mL/min 左右，可以进行检漏测试。如果检漏未通过，则有可能是接头处没有连接好，需重新连接各管路；也可能是测样过程中有漏样现象，导致球阀污染，需卸下球阀进行清洗。

（2）系统的背景检查。在仪器运行过程中，系统的背景对测定结果准确度影响比较大，如果系统有漏气的地方或是参考气的进样针阀不能完全关闭，使少量的参考气持续进入到质谱仪中，都会造成系统背景的升高。因此在质谱参考气压力为 15 psi，He 流速为 10 mL/min 条件下，首先对系统进行背景扫描，观察各个质量数（mass 18，mass 28，mass 32，mass 40，mass 44）的信号强度，如图 6-4。查看结果，当各个质量数的信号强度都很低时，说明仪器运行过程中系统本底很低，系统背景正常。

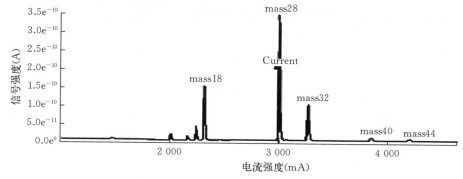

图 6-4　EA-IRMS 系统的背景扫描结果

（3）N_2 峰中心扫描。当环境条件发生变化时，有可能会造成每个质量数对应的磁场或者加速电压的偏移。为了保证质谱仪的离子束测量处于最优化的状态，必须在测试样品前进行峰中心扫描，优化加速电压，并保存。

（4）N_2 的稳定性测试。在进行样品测试前，一定要保证空白样品产生的峰面积已经稳定，但如果峰面积不稳定则会对测试结果产生很大影响。因此，可以连续通入 10 组 N_2 标准气以进行空白测定，如图 6-5。

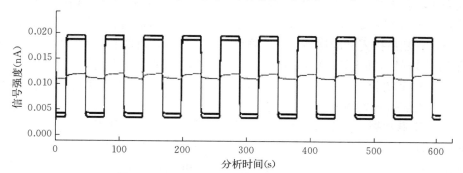

图 6-5　EA-IRMS 系统的稳定性测试结果

从图 6-5 可知，以上 10 组空白样品产生的峰基本一致，由仪器软件自动计算得出标准气 N_2 的同位素比值 29/28 的标准偏差，当标准偏差满足仪器≤0.06‰的要求，表明仪器稳定性可靠。

（5）仪器线性的测试。在一定范围内，质谱仪所测的同位素比值不会因信号的变化而改变，这样才会保证所得的同位素结果准确可靠。测试时在进样前依次改变参考气进样器上 N_2 的压力，每个参考气峰都会产生不同的信号强度。通过计算，线性测试结果如表 6-2。从表 6-2 可以看出，同位素信号强度在 1 nA~10 nA 范围内（相当于 1.0 V~10.0 V），质谱仪的总体线性约为 0.009‰/nA，达到了仪器要求的线性指标小于 0.02‰/nA 的测定要求。

表 6-2　EA-IRMS 仪器的线性测试结果

N_2 峰组数	同位素信号强度（nA）	同位素比值 29/28	N_2 峰组数	同位素信号强度（nA）	同位素比值 29/28
1	1.01	0.007 407 854	7	8.72	0.007 410 488
2	2.78	0.007 407 890	8	5.70	0.007 410 743
3	4.96	0.007 407 989	9	2.99	0.007 410 659
4	7.19	0.007 408 854	10	1.11	0.007 410 786
5	9.40	0.007 409 424	平均值		0.007 409 460
6	10.06	0.007 409 916	标准偏差（‰）		0.045 421 698
			线性（‰/nA）		0.008 916 418

（三）样品测定

1. 样品测试序列的编辑　在样品序列表中要选择输入相应的样品名称、重量、元素分析仪方法、质谱方法和数据处理方法。测试前准备好标准样品（STD_1）一个，另将实验室内某一性质稳定的作物样品作为标准样品（STD_2），用此两个样品作为实验分析过程质量监控的标准物质。编写测试序列表时，首先排列空白样品 3 个~6 个，确保这些重复样品的精度（标准偏差）小于 0.15‰，即表明分析系统背景值下降到了理想的程度，系统分析结果稳定；然后排列标准样品 3 个，确保仪器工作开始时的状态；以后每连续分析 10 个样品后插入 STD_1 和 STD_2 各 1 个，监控系统的长期稳定性。

2. 样品的测试　首先关闭 Dilutor、RN 和 RG，选中编辑好的待测试的行，点击运行开始测定。

3. 查看数据　数据包括测试的谱图、全氮含量、δ 值和丰度值等。查看谱图可以选该样品行，在 Ionvantage 主窗口下拉菜单中选择 Data Display 即可；氮含量在 EAS vario Micro CN/IRMS 表中即可查看；看 δ 值和丰度值，在文件夹中打开批处理文件 BatchDB 中的 Printout 表中，N15 为 $\delta^{15}N$ 值，APC 为丰度值（单位为％，^{15}N 质量/总 N 质量）。

五、思考题

稳定性同位素 ^{15}N 示踪技术对农业生产研究有何重要意义？

六、参考文献

谷淑波，宋雪皎，王树芸，等，2018. 同位素质谱仪测定小麦植株各器官

δ^{15}N 值的考察 [J]. 分析测试技术与仪器，24(3)：129 - 135.

王忠，2000. 植物生理学 [M]. 北京：中国农业出版社.

于振文，2013. 作物栽培学各论：北方本 [M]. 北京：中国农业出版社.

第三节　作物和土壤中的 δD、δ^{17}O、δ^{18}O 值的测定

——水同位素分析仪

作物的一切正常生命活动都离不开水，作物细胞只有在含有一定量水分的条件下才能进行生命活动。作物一方面不断地从土壤中吸取大量的水分，使作物体内保持正常的含水量；另一方面，地上部分尤其是叶片又不断地以蒸腾作用的方式散失水分，用以维持体内外的水分循环及保持适宜的植株温度。根系吸收的水分只有少部分参与植株体内的生化代谢过程，绝大部分则通过蒸腾作用散失到周围环境中。作物就是在对水分不断地吸收、运输、利用和散失的过程之中进行正常的生命活动。因此，在作物的生长发育研究中，水分在土壤和植株中的分布情况、水分的吸收利用情况越来越受到各领域科研人员的重视，随着对生态环境研究的不断深入，植物水分和土壤水分的提取采集与测试技术已受到广泛关注。

一、实验目的

掌握从土壤和植物中提取水分的方法，掌握液态水同位素 δD、δ^{17}O、δ^{18}O 值的测定方法，为研究作物的水分利用情况奠定基础。

二、实验原理

作物植株或土壤样品经全自动真空冷凝抽提系统将水分完全无损地提取出来，吸取一定量后在气化器中气化后进入液态水同位素分析仪，当一束激光穿过目标气体时，不同分子会产生不同程度的吸收，吸收的多少与分子的浓度相关，最终转变成电信号输出。

三、仪器与试剂

（一）液态水同位素分析仪（以 LGR TLWIA - 912 为例）

1. 仪器组成　主要由分析仪主机、自动进样器和外置泵组成。

2. 工作原理　液态水同位素分析仪采用 OA - ICOS 技术，通过两面高反镜面组成的光腔，将激光多次反射，大大增加了有效光路长度，提高了吸收率，能够测量浓度在 10^{-12} 级别的气体，极为精确地计算同位素含量。其基础理论为

经典的 Beer 定律，即当一束激光直接穿过目标气体，某种分子的浓度与测量出的光束吸收有一定的关系。因此，某种分子的绝对数量可以通过测量某种特定波长激光的吸收状况得到。应用于水同位素测量时的实际光谱图如图 6-6，可以看到每个分子的吸收峰连同基线由连续致密的扫描点组成，在 1 s 内 OA - ICOS 技术可以输出 300 次这样的扫描谱线图。

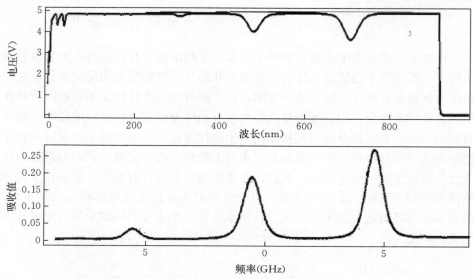

图 6-6　激光吸收特征曲线（上图为激光发射强度，下图为水分子的光学吸收光谱图）

（二）全自动真空冷凝抽提系统（以 LICA LI - 2100 型为例）

全自动真空冷凝抽提系统具有超低压分离、压缩机制冷、多路样品同时分离、自动调节温度和真空度等特点，实现了全自动控制和水分完全无损提取，防止同位素分馏，既安全，又不会对植物和土壤结构造成破坏，同时大幅提高实验效率。该系统主要采用超低压真空蒸馏冷冻的原理，利用水分在超低压的环境中蒸发（升华）、在低温环境中冷凝的技术，将样品水分无分馏、无损失地提取和冷冻收集。

系统主要由超低压系统、加热系统、冷冻系统和采集控制系统组成。超低压系统主要是为冷冻系统、加热系统以及主管路提供特定的真空度，以有利于水分以最快的速度转移。加热系统主要是加热样品，使得水分蒸发，蒸发出来的水分在超低压形成的梯度作用下，转移至冷冻系统，冻结成冰，整个过程在采集控制系统的干预下自动完成。仪器工作时，每一个样品都是一个独立的通道，14 路通道同时进行。在实验过程中，系统真空度大概维持在 700 Pa～3 000 Pa范围内，样品水分的提取率在 99% 以上。

抽提系统结构如图 6-7 所示，抽提系统提取部分结构如图 6-8 所示。

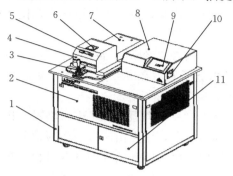

图 6-7 抽提系统结构示意图

1. 机柜 2. 制冷装置 3. 快速夹钳 4. 防护罩
5. 把手 6. 散热风扇 7. 转臂防护罩 8. 控制箱
9. 触摸屏 10. 散热风扇 11. 储物柜

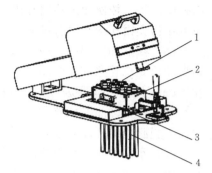

图 6-8 抽提系统提取部分结构示意

1. 样品瓶 2. 中层加热块
3. 提取块 4. 试管

（三）试剂耗材

1. 标准样品

1 号标样　δD：$-165.7‰$，$\delta^{17}O$：$-11.26‰$，$\delta^{18}O$：$-21.28‰$。

2 号标样　δD：$-123.8‰$，$\delta^{17}O$：$-8.79‰$，$\delta^{18}O$：$-16.71‰$。

3 号标样　δD：$-79.6‰$，$\delta^{17}O$：$-5.83‰$，$\delta^{18}O$：$-11.04‰$。

4 号标样　δD：$-49.2‰$，$\delta^{17}O$：$-4.12‰$，$\delta^{18}O$：$-7.81‰$。

5 号标样　δD：$-9.9‰$，$\delta^{17}O$：$-1.52‰$，$\delta^{18}O$：$-2.99‰$。

2. 其他材料　高硼硅试管、样品瓶、样品杯、$0.45~\mu m$ 水相滤器、压缩空气罐、去离子水和 NMP(1-甲基-2-吡咯烷酮)。

四、实验步骤

（一）样品的前处理

1. 样品采集　采集的样品迅速放入具有密封性能的采样瓶，旋紧密封盖，再用封口膜密封瓶口，以防止水分的蒸发导致同位素分馏，每个处理通常设 3 次重复。如果短时间储存，冷藏即可；如果长时间存储，放入 $-20~℃$ 冰箱冷冻储藏，但是要注意样品瓶冻裂的问题，注意采样瓶内样品不要装的太满，要留下足够的膨胀空间。

2. 样品水分的提取

（1）开启抽提装置。首先确保工作台上的绿色工作垫洁净无灰尘。抬起加热罩把手，检查中层加热块、提取块和电磁阀板上的 O 型圈是否齐全无损坏，PTFE 细管是否插紧在提取块中。打开电源开关，启动仪器。

（2）安装样品水收集装置。将样品水收集装置（包括提取块、毛细软管和高硼硅试管）依次放入冷阱孔内，盖上中层加热块，拉下加热罩把手，使用快速夹钳将夹钳压板与底板锁紧。

（3）检漏和预制冷。在仪器操作屏幕上点击"诊断""自动检测"，仪器开始自动检测总管路和支管路的漏率，当真空度显示在 800 Pa 以下，漏率显示在 1 Pa/s 以内，仪器进行实验预冷。

（4）放置样品。仪器预冷完成后，点击"平衡气压"，打开加热罩，将上方加入脱脂棉的样品瓶放入中层加热块的加样孔，用夹钳压板与底板锁紧。

（5）水的收集。根据样品类型选择抽取程序，即开始水的抽取过程。当抽取完成后，取出样品水收集装置，常温下解冻，液体过 0.45 μm 微孔滤膜，取 1 mL 加入微量样品瓶，封口待测。

（二）仪器的准备

1. 开机预热　打开液态水同位素分析仪开关，预热 3 h 以上方可使用。

2. 安装进样口隔膜　取下气化室外罩及两侧 8 个塑料螺丝，取出旧隔膜，拧下气管连接头，观察气化室内是否有红色碎屑。若有碎屑，用压缩空气罐清理。使用定位针确保隔膜支撑块固定在进样口内，手动旋紧。每连续测量 1 天～2 天后需更换 1 个新隔膜。

3. 清洗气体进样管路　卸下进气管路，利用压缩空气从出口向进口方向反复冲刷网状过滤器和气体进样管路，以去除实验中产生的碎屑。

4. 安装进样针　安进样针前先用 NMP（1-甲基-2-吡咯烷酮）润洗 30 次～50 次，去离子水润洗 30 次～50 次，然后再将针安装到自动进样器上。

5. 自动进样器定位　先检查 4 个样品盘的位置，再调整针尖使之处于同心圆位置。

6. 仪器稳定性的检查　当光腔温度达 45 ℃时，先测试 20 针去离子水，查看光谱界面，若峰不在阴影范围，则需调节电压，使虚线调至最低点，同时注意观察样品体积。

（三）样品程序的编辑及测定

1. 在样品设置菜单中设置样品名称、测量顺序及备注信息等，将其载入样品测试菜单中。

2. 在样品标准菜单中，设置标样名称（如 lgr3e，lgr4e，lgr5e）和测量顺序，将其载入标准测试菜单中。

3. 样品注射 6 次，仪器自动默认排除前 2 针数据以消除记忆效应。

4. 测定顺序选项中，从标样开始测量，每测量 3 个样品测量 1 个标样。

5. 在自动进样器上摆放标准样品和待测样品，装入量以 1 mL 为宜。

6. 点击运行后切换至运行界面，再次检查设置是否正确，确认无误后开始测量，并注意观察样品体积和测量精度的稳定性，以进行调整。

（四）数据处理

1. 测试完成后，将所测得的数据的 .txt 文件拷贝至另一电脑。

2. 打开数据处理软件，载入数据文件后，经过处理即可查看每个样品的进样量、δD、$\delta^{17}O$、$\delta^{18}O$ 值以及校准曲线。对样品注射量、温度和测量精度进行检查，不同时满足条件的测试结果从计算结果中剔除。

3. 数据文件储存后可用 Excel 文件打开。

（五）关机

1. 点击主机屏幕中的退出按钮，需等待约 3 min，直到出现关闭电源提示后，关闭分析仪电源开关。

2. 卸下进样针，使用 NMP 润洗进样针（此时无需再使用去离子水），将其放回针盒中。

3. 关闭自动进样器电源开关。

五、注意事项

1. 样品中含有油脂等污染性物质的，建议采用有机系过滤器。

2. 高盐或高钙样品都不适合直接测量，将会严重污染和伤害进样针、气化室、进样管路、过滤器甚至光腔（盐度要求＜4％，建议 0 g/L～4 g/L）。

3. 为避免漏气现象产生，水提取装置加热块和提取块使用过程中切记避免磨损和出现划痕，使用后应放置在绿色保护垫上方。

4. 安装样品水收集装置时，注意不要漏装毛细软管和 O 型圈。

5. 样品水收集装置放入细孔内时，提取块边缘与电磁阀罩对齐，不能翘起。

6. 样品瓶、瓶盖和提取块要提前做好标记。

7. 保证样品收集装置各个部分洁净、干燥，不用时盖上盖机布。

8. 实验前，要根据样品含水率粗略计算提取量，保证提取水量在 1 mL 以上。

9. 较长时间放置的样品，上机测试前要拧开瓶盖释放瓶中压力。

六、思考题

1. 液态水同位素的测定在农业生产研究上有何重要意义？

2. 田间样品采集应注意什么事项？

3. 进样品隔膜和气路为什么要经常清洗？

七、参考文献

包为民，王涛，胡海英，等，2009. 降雨入渗条件下土壤水同位素变化实验 [J]. 中山大学学报（自然科学版），48(6)：132－137.

柯浩成，李占斌，李鹏，2017. 黄土区典型小流域包气带土壤水同位素特征 [J]. 水土保持学报，31(3)：298－303.

第七章 作物生理生化研究实验室安全及注意事项

高校实验室承担着教育和培养国家高科技人才的重任，为了提高教学科研水平，探索更尖端的科研领域，实验室配备了大量的仪器设备及化学试剂。随着仪器的增加，电负荷增大，部分实验室由于电路年久老化，给教师和学生在实验室开展科学研究带来各种潜在的安全隐患。因此，实验室要采取相应的防护措施，防患于未然，方能保证科研人员的生命安全和国家财产安全。

安全第一、预防为主是我国安全生产的方针，不论是实验教师还是学生必须不断提高安全意识。掌握丰富的安全知识，严格遵守操作规程和规章制度，经常保持警惕，事故就可以避免。如果预防措施得当，发生事故后及时处理，可将损害降到最低。

第一节 实验室安全及防护知识

一、高校实验室应具备的基本条件

（一）化学试剂存放室的条件

1. 基本要求

（1）化学试剂存放室应符合国家有关安全规定，有防火、防雷、防爆、调温、消除静电等的安全措施。

（2）存放室室内环境应保持干燥、通风良好，温度 25 ℃～28 ℃，相对湿度 75%～85%，照明灯要用防爆型。

（3）化学试剂存放室应有专人负责管理，制定规范的化学试剂管理制度，严格登记，药品来源及使用记录要清楚明了。

（4）每个存放室内都要有消防器材，如灭火器、灭火毯等，消防器材存放位置应有明显的标识，存放室外部要有消防栓。

2. 化学试剂存放要求

（1）分类存放。化学试剂应根据其毒性、易燃性、腐蚀性和潮解性等不同特点，实行分类隔离存放。

（2）特殊试剂的存放。对储存条件有特殊要求的化学药品要单独存放；受光照射容易燃烧、爆炸或产生有毒有害气体的化学试剂和桶装、瓶装的易燃液体，应当在阴凉通风的地点存放；挥发性的试剂应存放在通风药品柜中。存放挥发性试剂的储存室内要采用防爆电气开关，配备防爆工具，安装可燃气体浓度监测与报警装置。

（3）化学危险品的存放。对于可作用于环境、材料或动植物有机体并产生机体损伤或功能改变、材料破坏或变性、污染环境的化学品要专柜存放。如硫酸、盐酸等危险化学品应该设置危险品专用柜，上锁由专人保管。使用时需按照实验用量领取，实验有剩余时及时交给管理人员，并做好登记。

（4）剧毒化学药品的存放。剧毒性危险化学品应放于专用的保险柜内，执行双人、双锁保管制度，严格做好使用登记。负责剧毒化学药品管理的人员应无吸毒和犯罪前科。

（5）相互反应的化学品的存放。对于化学性质不同或灭火方法相抵触的化学药品不准同室存放；氧化剂不得与易燃易爆物品同室存放。

（二）仪器存放室应具备的基本条件

1. 天平室　分析天平是高校实验室必备的仪器。天平存放室应靠近前处理实验室，以方便使用，并满足以下条件：

（1）天平室应远离高能热源和高强电磁场等环境。

（2）天平室要远离振动源如铁路、公路和机械泵等，无法避免则要采取减震工作台放置天平，工作台要牢固可靠，台面水平度要好。

（3）要避免阳光直射，最好选择阴面房间或采用双层遮光窗帘以利避光、隔热和防尘。

（4）天平室内配置废弃物收集装置，并及时清除废弃物，保持室内无腐蚀性物质和腐蚀性气体，维持室内清洁，温度以 20 ℃～25 ℃、相对湿度 45％～75％最佳。

2. 精密仪器室

（1）精密仪器室最好选择不被阳光直射的位置，仪器室要具有防火、防震、防电磁干扰、防噪音、防潮、防腐蚀、防尘和防有害气体侵入的功能。室内温湿度 18 ℃～25 ℃，相对湿度 60％～70％，以保持仪器良好的使用性能。

（2）仪器室选用水磨石地板或防静电地板，防止仪器运行时因静电引发的随机故障、错误动作或运算错误，避免静电引发的某些元器件的击穿和毁坏。

（3）放置等离子体质谱仪、高效液相色谱仪等大型精密仪器的实验台，要与墙距离 50 cm，以便于操作与维修。

（4）保持大型精密仪器室的供电电压应稳定，电压允许波动范围±10％。为防止电压瞬变、瞬时停电、电压不足因素等影响仪器正常工作，精密仪器室应配备不间断电源（UPS），设计专用地线，接地极电阻小于 40 Ω。

（三）样品处理室应具备的条件

1. 中央实验台　中央实验台置于实验室的中间位置，是学生进行实验活动的主要平台。

中央实验台配置耐腐蚀、耐热台面，试剂架和线槽插座。一个实验室内需配置 30 个实验操作工位，以满足一个教学班的实验教学要求。

2. 边台实验台　边台实验台放置在实验室的周边，一面靠墙，用于放置公用试剂和仪器，如电炉、托盘天平、水浴锅、均质器等。边台实验台配置有线槽插座、通风设备、照明设备等。

3. 通风橱　通风橱要求全钢结构，环氧树脂防腐蚀柜面，橱口窗扇及其他玻璃配件应采用透明安全玻璃，带水龙头及水槽。为防止实验产生的污染性气体物质在实验室内扩散，危害学生健康，易产生挥发性物质的实验需要在通风柜内进行，以保持良好的实验室内环境。

4. 水槽　实验室内水槽是进行实验用品清洗的场所，需配置大理石台面、塑料水槽和实验室专用三联水龙头。

5. 紧急喷淋和洗眼装置　为保证实验人员的安全，在靠近放置或使用危险品实验室的公共走道设置紧急喷淋和洗眼设备，该设备是在有毒有害危险作业环境下使用的应急救援设施，以备实验人员一旦被药品污染时，对眼睛、面部和身体采取及时救护措施。但该设施不能取代基本防护用品，如防护眼镜、防飞溅面罩、防护手套、防化服等，也不能取代必要的安全处置程序，更不能取代医学治疗，进一步的处理需要遵从医生的指导。

二、实验室安全及防护常识

（一）实验室潜在的安全事故

1. 火灾　火灾是实验室最易发生也是最严重的安全事故。引起实验室火灾主要由以下几个方面：

（1）电路老化。如果实验室建立时间长，电路未及时更新维修，电线的绝缘层和保护层已经老化或受到严重腐蚀，失去绝缘及保护功能，极易造成漏电甚至短路起火。另外，如果导线和导线接头部位严重氧化，增大接触电阻，也会导致接头和导线发热，引起火灾。

（2）超负荷用电。实验楼用电承载负荷是根据当时实验楼建设时使用的仪器设备耗电需要设计的。随着实验仪器设备增加，用电负荷加大。如果线路没有及时升级改造，长时间超负荷用电加速电线老化，引起线路发热甚至火灾，造成设备损坏。

（3）易燃化学试剂。乙醇、乙醚、甲苯、苯等为实验室常用的易燃液体，如果存放不当，极易燃烧发生火灾，甚至爆炸。易燃易爆化学试剂属于危险品，一旦发生事故扑救困难，将造成严重损失。

2. 爆炸 爆炸是最大的安全事故，一旦产生爆炸，常造成设备损坏、房屋倒塌、人员伤亡等重大安全事故，产生巨大损失。实验室引起爆炸的主要原因如下：

（1）化学试剂。化学试剂引起的爆炸有两种类型：第一，易燃类化学试剂如乙醚、苦味酸、三硝基甲苯、三硝基苯、叠氮或重叠化合物等，易燃烧或分解，发生爆炸；第二，部分化学试剂本身没有易爆性，但在实验中一旦与其他试剂混合就易产生爆炸，如乙醇和浓硝酸混合。稀释硫酸时如果错误地把水倒进浓硫酸中，稀释放出大量热量使水沸腾、飞溅容易产生危险，甚至爆炸。

（2）废液。在实验过程中不可避免地会产生废液，必须将废液收集、统一处理，避免随意倾倒污染环境。如果随意将各种废液混放在同一废液桶内或是倒入下水道，如酸性液体和碱性液体、氧化性液体和还原性液体、有机溶液和无机溶液混装，都容易引发爆炸。

（3）仪器爆炸。液相色谱仪、气相色谱仪、原子吸收分光光度计、质谱仪等在测试过程中需要燃气、助燃气或载气，这些气体主要为氢气、氧气、乙炔、氦气和氮气等。这些气体必须储存在耐压钢瓶中，一旦钢瓶受热，瓶内压力增大，有引起爆炸、燃烧的危险。如果在使用过程中使用不当，造成气体泄漏，极易引发爆炸。

（4）其他设备。实验室内常用的加热套、温度计一般情况下是安全的，加热套温度过高，超过温度计量程，温度计也会爆裂。

3. 中毒 中毒事故在实验室常有发生。有的实验人员习惯用矿泉水瓶装化学试剂，极易被他人误当是矿泉水饮用；有的学生利用实验室的鼓风干燥箱烘热剩菜剩饭食用，而实验室的干燥箱主要用于烘干样品、药品及玻璃器皿，烘箱内常残余各种化学药品，食物在加热时易被污染，食用后导致中毒。另外，实验室内使用乙醚、苯、甲苯等挥发性药品不当，会对呼吸道或中枢及周围神经系统造成损害。

4. 烧伤 不正确的实验操作常引发各种事故。浓硫酸是腐蚀性极强的酸类，在旋开硫酸瓶盖时，如果不戴手套，或是旋开时溅出硫酸，容易伤及脸或眼睛。在稀释浓硫酸时，正确的操作是将浓硫酸沿玻璃棒缓慢加入水中。如果将水加入浓硫酸中，则会因硫酸溢出造成烧伤。此外，酒精灯酒精溢出，引起周围物品着火，正确的做法是用湿抹布、湿麻袋扑灭，如果用手或脚去扑火，也会引起烧伤。

5. 跑水 实验室停水时，需及时关闭水龙头。如果忘记关闭，一旦夜间或双休日来水，可能造成水溢出至实验室地面造成室内积水，严重时可能渗漏到楼下实验室。

（二）化学实验室的防护常识

1. 做好标识 实验所用的化学试剂必须贴标签，认真核对标签与内装物，保证内装物与标签相符，杜绝标签与内装物不相符。

2. 配备器材 实验室必须配置相应种类和数量的灭火器材，如二氧化碳灭火器、干粉灭火器、泡沫灭火器、卤代烷型灭火器、灭火毯、沙子、石棉布等灭火器材，并定期检查灭火器材的有效期，对于超期的要及时更换。

3. 试剂存放 实验室内仅存有满足短期内实验所用的易燃易爆化学试剂，并按类摆放到试剂架上，避免试剂误用；对于易致毒试剂要在专门双锁柜中存放，实行双人管理，严格登记使用；严禁用烘箱、冰箱存放易燃易爆试剂或样品；实验剩余的易燃易爆试剂及时回收并妥善保管，禁止将易挥发试剂随意放置及倒入地沟内。

4. 严格防护 在使用易燃、易爆及易挥发的化学试剂做实验时，要严格遵守操作规程，在通风橱内进行相关实验操作，以防意外。必要时穿戴防护口罩、防护手套、防护眼镜等防护用具。

5. 废物处理 实验中产生的危险废物分类妥善存放，存放容器要贴上标签，注明危险物名称、含量、负责人等信息，并定期集中处理。

6. 注意用电 水槽旁不能有插座，插排严禁随意放到桌面或地面上，避免漏电或感电，沾水的手严禁触摸电器用品或仪器设备。

三、化学实验室常见事故的应急处置

（一）酸性腐蚀性药品的应急处置

1. 危害 当有硫酸溅到皮肤上时，会造成局部呈烫伤症状，产生红肿热痛，严重的会起水泡。盐酸和硝酸是挥发性较强的酸，吸入其蒸气或烟雾，极易引起急性中毒，出现眼结膜炎、齿龈出血、气管炎或口鼻黏膜有烧灼感，如果长期接触，会引起慢性鼻炎、慢性支气管炎、牙齿酸蚀症或皮肤损害等症状。

2. 处理 如果身上被溅到腐蚀性酸类试剂，应当立即脱去被污染的衣物，用清水喷淋冲洗至少 15 min 后到医院就医；如果眼睛接触了腐蚀性酸类试剂，立即用手提起眼睑，在大量流动的清水或生理盐水下彻底冲洗 15 min 后立即就医；如果吸入腐蚀性酸类气体，则应迅速离开实验场所，来到空气新鲜处，保持良好的呼吸。

（二）碱性腐蚀性药品的应急处置

1. 危害 碱性腐蚀性试剂具有强烈的腐蚀性，如果其溶液直接接触身体皮肤，可引起严重的烧灼伤。

2. 处理　当皮肤接触碱性腐蚀性试剂后要迅速用水、柠檬汁、2％乙酸或 2％硼酸水溶液洗涤接触部位的皮肤；如果眼睛接触这类药品，可利用洗眼器或用流动清水冲洗眼部。

（三）割伤处置

实验过程中经常会使用玻璃器皿，当不小心弄碎玻璃划伤皮肤时，应立即用布条、毛巾或绷带等用力捆扎住靠近受伤部位的关键处，以防失血过多，同时要及时就医。

（四）烧伤和灼伤的处置

不小心烧伤或灼伤后，立即用冷水冲洗止痛或用 75％的酒精轻轻地涂抹患处，直至没有疼痛的感觉，然后在受伤处涂抹甘油、烧伤膏或者蛋清，并及时就医。

（五）吸入性中毒的处置

当吸入有毒有害的气体时，应迅速离开实验室，到空气流通处大口呼吸新鲜空气，同时静卧，最好解开衣服、腰带，保持呼吸道畅通，然后根据情况采取人工呼吸或药物治疗。

（六）触电的应急处置

1. 发现有人触电低压设备时，应迅速断开电源开关或拉下电闸，拔掉电源插头，切断电源；或使用绝缘物品比如干燥的木棒、绳索等不导电的工具将触电的人与电源分离；或者扯住触电者的衣服，把他拖开，千万要记住不能触碰到金属物体和触电者的身体；或者戴绝缘手套将触电者拉开；或者施救人员站在绝缘垫上或干木板上，绝缘自己后再进行施救。

2. 当发现有人触及高压带电设备时，应迅速切断电源，或者用适合该电压等级的绝缘工具（戴绝缘手套、穿绝缘靴、用绝缘棒等）将触电者解脱出来。抢救人员在抢救过程中首先要保证自己与周围的带电物体要有一定的安全距离。

3. 如果触电人员呼吸停止，在医务人员到达进行施救前，应急施救人员应该对触电者进行心肺复苏工作，主要包括以下三项基本措施：

（1）务必始终确保空气流通；

（2）可以口对口（鼻）进行人工呼吸；

（3）也可以进行胸外按压（人工循环）。

四、实验室安全防护器材的正确使用

（一）洗眼器的使用方法

当眼部溅上试剂时，将脸部凑近洗眼器，打开水阀，用手撑住眼睑，对准水流持续、彻底冲洗。如果受伤人员已不能冲洗眼睛，将其平放在地，抬起头并侧向一边，冲选至少 15 min，必要时送医院检查处理。

（二）紧急喷淋装置的使用方法

在实验过程中如果身上被溅上试剂，应当首先脱去被污染的衣物，站到紧急喷淋装置的下方，打开水阀冲选至少 15 min，保证身体所有被污染的部位彻底冲洗干净。冲洗完毕后，擦干身体，换干净的衣服，注意保暖。严重时必须送医院检查处理。

（三）灭火器材及其使用方法

1. 消防栓　消防栓是一种实验室必备的固定在墙上的消防工具，通常在实验大楼每层都必须配备，一般安放在走廊墙上明显且便于灭火取用的地方，是发生火灾时最有力的救援设施。在使用前，先将已经折叠好的消防水带取出展开，其中一头拧紧连到消防栓接口上，另外一头拧紧在消防水枪上。打开消防栓上的水阀旋扭，逆时针旋至有水喷出，持枪将水喷射的方向对准火源根部进行灭火。

2. 灭火器　泡沫灭火器、干粉灭火器和二氧化碳灭火器是实验室常用的灭火器，不同的灭火器功能不同。当有油制品或油脂等物品发生火灾，则需要使用泡沫灭火器，不能用水来扑救；一般性的石油、有机溶剂等可燃液体、可燃气体和带电设备的火灾可用干粉灭火器扑救；实验室贵重精密仪器设备的火灾通常使用二氧化碳灭火器。因此，在发生火灾时，首先要确定火灾原因，然后选择适合的灭火器。

3. 灭火毯　灭火毯是一种消防器具，是由纤维状隔热耐火材料耐火纤维制成，具有质地柔软、有弹性、抗拉、耐高温、不燃、耐腐蚀等特性。其灭火的主要原理是覆盖火源、阻隔空气，以达到灭火目的，主要用于初始灭火。在火灾刚发生时，将灭火毯覆盖上，着火点与氧气隔离，达到最快速度灭火；发生火灾逃生时，可以将毯子包裹于全身或被救助对象的身体，由于毯子本身具有防火、隔热的特性，在逃生火场过程中，人的身体能够得到很好的保护，可以大大减少被烧伤的危险。

第二节　实验操作基本技能及注意事项

一、主要化学试剂级别的选取

1. 基准试剂（JZ）　绿色标签，为基准物质或标准溶液。

2. 当量试剂（3 N、4 N、5 N）　主成分含量分别为 99.9%、99.99%和99.999%。

3. 优级纯试剂（GR） 绿色标签，一级品，高纯度，适用于精确分析和科学研究，也可用作基准物质。

4. 指定级（ZD） 是按照用户要求的质量控制指标订做的化学试剂。

5. 色谱纯（GC 和 LC） GC 为气相色谱分析专用，LC 为液相色谱分析专用，主成分含量高，质量指标注重干扰色谱峰的杂质。

6. 光谱纯（SP） 用于光谱分析。适用于分光光度计标准品、原子吸收光谱标准品和原子发射光谱标准品。

7. 分析纯试剂（AR） 红色标签，二级品，纯度较高，适用于重要分析和一般性研究。

8. 化学纯试剂（CP） 蓝色标签，三级品，适用于一般性分析试验。

9. 实验试剂（LR） 黄色标签，四级品，适用于一般化学实验，不能用于分析试验。

10. 指示剂（ID） 用于配制指示溶液，质量指标为变色范围和变色敏感程度。

11. 生化试剂（BR） 配制生物化学检验试液和生化合成，质量指标注重生物活性杂质。

12. 生物染色剂（BS） 配制微生物标准染色液，质量指标注重生物活性杂质。

二、常用玻璃器皿的洗涤

实验过程中，多数玻璃器皿清洗后可以重复使用，清洗的干净程度是决定实验结果准确性的重要条件之一，玻璃器皿洗涤方法和选用的洗涤剂需根据玻璃仪器的使用目的进行确定。

（一）常用洗涤剂的种类

洗涤剂种类很多，性能和用途各不相同。水是用量最大的天然洗涤剂，但是水只能去除可溶于水的污物，对于要求洁净度高的器皿，用清水洗涤后，再用蒸馏水洗涤。对于不溶于水的污物，必须用合适的洗涤剂处理后再根据洁净度要求依次用清水、蒸馏水清洗。主要有以下几种。

1. 铬酸洗涤液 重铬酸钾与硫酸作用形成铬酸。铬酸是一种去污能力很强的强氧化剂，是常用的洗涤液。铬酸洗涤液可去除玻璃器皿上的有机质，但玻璃器皿上附有油脂、凡士林和石蜡等时该洗涤液无效。铬酸洗涤液的配制方法见表 7-1。

配制时首先将重铬酸钾用温水溶解，冷却后慢慢加入浓硫酸，一边加一边搅拌。配好的铬酸洗涤液呈深红色或橘红色。配制好的铬酸洗涤液应存储在有盖容器内，可多次使用，当溶液变成青褐色或者墨绿色时表示溶液已经失效，不能再用。

表 7 - 1　铬酸洗涤液的配方

试剂	浓铬酸洗涤液	稀铬酸洗涤液
重铬酸钾（g）	60	60
浓硫酸（mL）	60	60
水（mL）	300	1 000

使用时要注意铬酸洗涤液的腐蚀性很强，溅到桌、椅上应立即用水洗去，并用湿布擦净，不小心沾到皮肤和衣物上时应立即用水洗，再用苏打水或氨水冲洗。铬酸洗涤液加热至 45 ℃～50 ℃能增强去污能力，而且稀的铬酸洗涤液可以煮沸后使用。如若玻璃器带有较多的还原性物质，则先用清水洗涤，然后再用铬酸洗涤液浸泡至少 15 min，最后再用清水冲洗。

2. 高锰酸钾洗涤液　高锰酸钾洗涤液是一种很好的洗涤液，具有极强的氧化和去污能力，尤其是在加酸和加热的情况下。配制时将 3 mL～5 mL 浓硫酸沿玻璃棒加入 1 000 mL 55％的高锰酸钾溶液中，混合均匀，冷却后使用，注意不能用盐酸代替硫酸，否则盐酸在高锰酸钾溶液中会分解产生有毒的氯气。使用时需将要洗涤的玻璃器皿浸泡在高锰酸钾洗涤液中 10 min～20 min，然后用清水冲洗干净，在清洗过程中，如果经高锰酸钾溶液洗涤后器皿上残留有褐色物质，可用经 5％硫酸酸化的草酸溶液洗去。

3. 乙二胺四乙酸二钠（EDTA - Na₂）洗涤液　配制 5％～10％ EDTA - Na₂ 溶液，加热煮沸可以有效洗脱玻璃仪器内壁的白色沉淀物。

4. 有机溶剂洗涤液　当玻璃器皿上沾有能溶于有机溶剂的树脂、脂类和其他污垢时，可用二甲苯、苯、丙酮、石油醚、乙醚、酒精、松节油及四氯化碳等有机溶剂洗涤。

5. 酸（碱）洗涤液　当玻璃器皿上沾有煤膏、焦油和树脂等，可用浓硫酸或 40％氢氧化钠溶液浸泡 5 min～10 min，待溶解后，用清水冲洗干净。

6. 肥皂　肥皂是很好的去污剂，热肥皂水的去污能力更强，可以去除玻璃器皿上的油脂。

7. 其他洗涤剂　10％的磷酸三钠（Na_3PO_4）溶液去污去油脂的能力很强，相比肥皂洗得更干净。

（二）玻璃器皿的洗涤方法

1. 新购玻璃器皿的洗涤　新的玻璃器皿，可能附着一些可溶性物质，不能直接使用，使用前必须洗涤干净。一般先用 2％盐酸溶液浸泡数小时，再用清水冲洗干净。

2. 一般器皿的洗涤　试管、烧杯、烧瓶和培养皿等器皿，如果附着有残渣，可用铲、刮、刷等方法清除残渣，然后根据实验洁净程度的要求用肥皂、洗涤液或水冲洗。如果附着有有害微生物，则必须先高压蒸汽灭菌除去有害微生物，再进行洗涤。

3. 滴定管和吸管 先用铬酸洗涤液清洗，如果仍达不到洁净程度要求，可先用少量 95％酒精洗涤，然后再用铬酸洗涤液清洗。但是需要注意的是连在玻璃吸管上的胶套不能沾染洗涤液，否则易造成胶套的老化。

4. 移液管 先用自来水淋洗，然后将铬酸洗涤液慢慢吸入移液管刻度线以上，迅速用右手食指堵住移液管上口，使铬酸洗涤液在移液管内保持 1 min～2 min，然后用自来水冲洗移液管直至外壁不挂水珠，最后用蒸馏水洗涤 3 次以上，控干备用。

三、常用仪器的使用及注意事项

（一）天平使用及注意事项

天平是实验室必备的称量仪器，目前实验室多是用电子天平。正确使用天平是保证实验试剂或样品称量准确的前提。

1. 操作步骤

（1）将天平电源接通，预热 0.5 h 以上，使天平处于平衡状态。

（2）将气泡调节至中央位置，使天平完全处于水平。

（3）按开关键打开天平，观察天平读数，待读数显示为零时，放称量纸或称量盘，按去皮键清零，使天平重新显示为零。

（4）在称量纸（称量盘）上放置需要称量的试剂或样品，记录读数，如连接有打印机，可按打印键完成。

（5）取出称量纸（称量盘）和试剂（样品），按天平去皮键清零，以备再用。

2. 注意事项

（1）称量前仔细查看天平的称量量程，称样量不可超过最大量程，否则会损坏天平。

（2）电子天平应保持水平状态，使用前必须预热。

（3）称量物体的温度应与室温一致，不可高于室温，以免损坏仪器或称量不准。

（4）保持天平室内的环境卫生，尤其是要保持天平称量室的清洁，一旦被称量的试剂撒落，要及时小心清除干净，以免污染天平。

（5）称量易挥发和具有腐蚀性的物品时，要盛放在密闭的容器内，以免腐蚀和损坏电子天平。

（二）移液器使用及注意事项

1. 移液枪

（1）设定移液体积。由大量程调至小量程，只需逆时针旋转旋钮至设定体积即可；由小量程调至大量程时，则需要先顺时针旋转刻度旋钮至超过设定体积刻度，然后回调至设定体积。

注意在移液枪量程设定过程中，不能将旋转刻度旋钮旋转超出最大量程范围，否则会卡住内部机械装置，造成移液枪损坏。

（2）装配移液枪头。装配移液枪头的正确方法是将移液枪垂直插入枪头中，稍微用力左右微微转动使其紧密结合。如果是多道（8道或12道）移液枪，可以将移液枪的第一道对准第一个枪头，然后倾斜插入，往前后方向摇动卡紧。枪头卡紧的标志是略微超过O型环，并可以看到连接部分形成清晰的密封圈。

值得注意的是在装配移液枪头时不能用移液枪撞击枪头。移液枪撞击枪头导致移液枪的内部配件如弹簧因敲击产生的瞬时撞击力而变得松散，甚至会导致刻度调节旋钮卡住，损坏移液枪。

（3）漏液检查。使用前检查移液枪是否漏液，用移液枪吸取液体后垂直悬空数秒钟，观察液面是否下降，如果下降，则说明该移液枪漏液，不能使用，需要维护。

（4）移取液体。移液前，要保证移液器、枪头和液体温度相同。吸取液体时，将移液枪保持垂直状态，枪头插入液面下2 mm～3 mm。先吸放几次液体以润湿枪头，尤其是要吸取黏稠或密度与水不同的液体。吸取液体的方法有两种：

① 前进移液法。用大拇指将按钮按下至第一停点，然后慢慢松开按钮回原点。接着将按钮按至第一停点排出液体，稍停片刻继续按按钮至第二停点吹出残余的液体。最后松开按钮。

② 反向移液法。先按下按钮至第二停点，慢慢松开按钮至原点。接着将按钮按至第一停点排出设置好量程的液体，继续保持按住按钮位于第一停点（千万别再往下按），取下有残留液体的枪头，弃之。此法适用于转移高黏液体、生物活性液体、易起泡液体或极微量的液体，其原理是先吸入多于设置量程的液体，转移液体时不用吹出残余的液体。

（5）维护方法。

① 当移液器枪头里有液体时，切勿将移液枪水平放置或倒置，以免液体倒流腐蚀弹簧。

② 当移液枪使用完毕，将移液枪量程调至最大值，使弹簧处于松弛状态以保持弹簧的弹性，延长移液枪的使用寿命，将移液枪垂直挂在移液枪架上。

③ 最好定期清洗移液枪，可以用肥皂水或60%的异丙醇，再用蒸馏水清洗，自然晾干。如果需要高温消毒，应首先阅读移液枪使用说明书，查阅所使用的移液枪是否适合高温消毒后再行处理。

④ 如有漏液现象，主要检查：枪头是否匹配；弹簧是否正常；所吸取的

液体是否是挥发性的，如果是易挥发的液体，则可能是饱和蒸汽压的问题。可以先吸放几次液体，然后再移液。

2. 移液管

（1）检查移液管。使用前，必须检查移液管的管口和尖嘴有无破损，如果有破损则不能使用。

（2）吸取溶液。

① 润湿移液管。将少量的待吸溶液倒入干净的小烧杯，移液管插入小烧杯内，吸取溶液至移液管最大吸量的 1/3 时，立即用右手食指按住管口，取出，平放并小心地转动移液管，使溶液均匀布满移液管内壁，然后将溶液从下端尖口处排出。该操作重复 3 次～4 次后即可。

② 吸取溶液。将润洗后的移液管插入液面下 1 cm～2 cm 处，不能插入太深，边吸边往下插入，始终保持此深度。当管内液面超过需要吸取的量后，迅速用右手食指按住管口，将移液管沿容器内壁离开待吸溶液后，停留片刻后提起。然后将移液管管尖紧靠另一个小烧杯内壁，移液管管身保持垂直，视线与吸取溶液量的刻度线水平，略微放松食指，使管内的溶液慢慢地从管尖流出，当液面将要达到吸取溶液量的刻度线时，立即压紧，停顿一会儿后，再略微放松食指，将溶液的弯月面底线放至与刻度线上缘相切为止，然后立即用食指压紧管口。

将移液管下端尖口紧靠倾斜的接受容器内壁，放开食指，让溶液沿容器内壁缓缓流下，当管内溶液流完 15 s 后，移走移液管。注意在整个过程中，移液管管身应保持垂直，不能倾斜。

（3）移液管清洗。清洗时要根据吸取液体性质的不同选用不同的清洗溶剂。如果移取的是有机液体，可采用丙酮、乙醇溶液为清洗剂；如果吸取的是无机试剂，可用洗涤剂清洗。要反复清洗数次，再用蒸馏水清洗干净，直至内壁不挂水珠，然后自然晾干或吹干。清洗干净的移液管垂直放置在移液管架上，控干水分后再横着存放。

（4）注意事项。

① 移液管不能移取太热或太冷的溶液，也不能在烘箱中烘干。

② 同一实验中应尽可能使用同一支移液管。

③ 移液管有老式和新式，老式移液管管身标有"吹"字样，需要用洗耳球吹出管口残余液体。新式移液管管身没有"吹"字样，不要吹出管口残余，否则会导致量取液体过多。

（三）离心机使用及注意事项

1. 操作步骤

（1）检查转子。使用前应检查转子是否洁净，有无伤痕和腐蚀，使用的离心管是否符合要求，有无裂纹老化现象，发现问题应立即停止使用。

（2）参数设置。设定转子型号、温度、离心时间、转速或者向心力、加速度和减速度。

（3）转子放置。将转子放入腔体，安装到位。将配平后的离心管对称放入转子，盖上盖子并拧紧转子盖。按下开始键，开始离心。

（4）开启盖子。离心时间结束后，当转速为 0 时，听到蜂鸣声后表示舱门可以打开，方可按下开盖键取出样品。

2. 注意事项

（1）制冷功能会产生霜冻，离心结束后敞开盖子让水珠挥发掉，如有过多液体，可以用干燥的布清理一下。

（2）不能在机器运转过程中或转子未停稳的情况下打开盖门，以免发生事故。

（3）除运转速度和运转时间外，请不要随意更改机器的工作参数，以免影响机器的性能。

（4）转速设定不得超过最高转速，以确保仪器正常运转。

（5）试验完毕后，将转头和仪器擦干净，以防试液沾污而产生腐蚀，不使用时，拔掉电源插头。

（6）定期使用润滑油保养轴，以避免转子无法取下进行更换。

（四）贵重精密仪器使用及注意事项

贵重精密仪器的使用可以提升科学研究的水平，其对实验室环境和操作人员的技能水平都有严格的要求。仪器所处的环境，如电压、温度、湿度以及是否远离磁场、避免振动等，都会对仪器的正常运行和仪器寿命造成影响。因此，在使用过程中要注意以下几个方面。

1. 明确检测内容，确定适合的仪器及配置。使用前，要充分了解仪器的性能，根据实验测试内容，选择合适的仪器和仪器配置，如液相色谱仪，有多种检测器，不同的检测器检测不同的物质，购买仪器时可能只配置了 1 种～2 种检测器。另外，不同的物质分离需要不同的色谱柱，这就需要实验设计前，提前了解测试指标所需的检测器类型，色谱分离柱规格，否则会造成样品提取完成而无法检测的现象。

2. 掌握仪器工作原理，学会仪器基本操作步骤，熟悉检测需要设置的参数，以便在实验中根据需要调节参数，以达到最佳检测效果。

3. 准备相应的标准试剂。如果是定性测定，有些大型仪器由于有现成的谱库，可以确定相应物质，但是要定量测定的话，必须准备待测成分的标准品，以获得待测成分的绝对含量。另外，标准曲线每次测试前都要重新做一次，有时在测试样品时还要对标准曲线进行校正，以保证测试数据的准确性。

4. 严格执行操作规程，一旦操作不当，轻则软件出错，重则损坏仪器。对于使用气体的仪器，要经常检漏，防止系统漏气，造成测试不准确或无法进行检测。

5. 时刻保持警惕，防止事故发生。对于在实验过程中使用的易燃易爆气体，如氢气、甲烷等，使用完毕应立即关闭，并保持室内通风，室内不能有明火。如等离子体质谱仪需要有高纯氩气，气相色谱仪需要使用氢气和氧气，液质联用仪需要使用氦气和氩气、氮气等。

四、田间样品的采集及注意事项

(一) 样品采集、制备与储存

田间样品的采集根据试验设计在规定的取样时间内，按照取样要求进行多点取样，组成平均样品。田间试验采集样品的方法主要有两种：随机取样和对角线取样。

（1）随机取样。在试验田内选择具有代表性的采样地点 3 个～5 个，然后在选好的采样点内随机采集植株数量不少于 10 株，如果植株个体太小应适当增加采集植株的数量。进行产量测定时需要在选择的取样点按照每个取样点随机选 1 m² 或 2 m² 进行测定。

（2）对角线取样。在试验田内将取样点全部设置在小区的对角线上，按照一定的距离选定全部取样点，进行取样。

(二) 样品采集注意事项

1. 取样时避开地头、边行、水沟或缺苗断垄等没有代表性的地方。

2. 样株数量根据作物种类、种植密度、株型大小或生育期及所要求的准确度而定，一般 10 株～50 株，所取样品太多时，需将样品混合均匀然后利用四分法缩分至所需要量。

3. 植株过大、过小，遭受病虫害、机械损伤的不宜采集。

(三) 样品处理和保存注意事项

1. 采集的植株如需要分不同器官测定，则应立即将其分开，以免养分转运。

2. 用于营养诊断分析的样品要立即称量鲜重。

3. 所取样品表面有明显污染物或灰尘且用于测定植物养分含量和积累量、微量元素含量和积累量的样品需要用自来水冲洗后，再用去离子水冲洗，应在刚采集时冲洗，否则一些易溶性成分易从已死亡的组织中渗出。

4. 用于测定性质稳定的成分多用干燥样品，样品的干燥时先将新鲜样品在 105 ℃烘箱中杀青 15 min～30 min，然后降温至 60 ℃～70 ℃烘干。

5. 干燥样品粉碎时应根据测定要求选择粉碎器具，同时根据测试指标注意防止样品受到污染，如样品要测 Fe 元素，则粉碎需用不含铁的器具。粉碎后充分混匀，并保存于磨口的广口瓶中，置洁净、干燥处保存。

6. 对于籽粒样品的采集，要按照植株组织样品的采样方法从试验小区采集完全成熟的种子，种子经脱粒、去杂和混匀，按四分法缩分为平均样品，重量不少于 25 g。最后将采取的籽粒样品用磨样机或研钵磨碎过孔径 0.5 mm～1 mm筛，储于广口瓶中，备用。

图书在版编目（CIP）数据

作物栽培生理实验指导 / 谷淑波，宋雪皎主编 . —
北京：中国农业出版社，2021.12
ISBN 978 - 7 - 109 - 28718 - 1

Ⅰ.①作… Ⅱ.①谷… ②宋… Ⅲ.①作物－栽培技
术－实验 Ⅳ.①S31 - 33

中国版本图书馆 CIP 数据核字（2021）第 167186 号

中国农业出版社出版
地址：北京市朝阳区麦子店街 18 号楼
邮编：100125
责任编辑：郭银巧 文字编辑：马迎杰
版式设计：杜 然 责任校对：沙凯霖
印刷：北京中兴印刷有限公司
版次：2021 年 12 月第 1 版
印次：2021 年 12 月北京第 1 次印刷
发行：新华书店北京发行所
开本：7000mm×1000mm 1/16
印张：10.25
字数：200 千字
定价：60.00 元